U0262557

# 木材剩余物缓控释肥料壳体

符韵林 乔梦吉 姜金英 黄腾华/著

科学出版社
北京

## 内 容 简 介

缓控释肥料的使用有效提高了肥料的利用率，对减少环境污染、资源浪费等具有重要作用，其研发与应用备受各国重视，已成为肥料研发的重要趋势。

本书在分析国内外关于缓控释肥料壳体的释放机理、壳体设计与制造的相关研究成果的基础上，通过研究木材剩余物壳体特性对肥料释放规律的影响，环境水分、温度对壳体肥料释放速度的影响，壳体的肥料释放路径、肥料释放规律和壳体的降解特性等，提出了木材剩余物制造缓控释肥料壳体的制备思想、工艺和技术。

本书可供从事缓控释肥料研发和生产的相关研究人员和技术人员参阅，也适合农业、林业、园林、园艺等领域的从业人员学习参考。

**图书在版编目(CIP)数据**

木材剩余物缓控释肥料壳体/符韵林等著．—北京：科学出版社，2016.3
ISBN 978-7-03-047768-2

Ⅰ.①木… Ⅱ.①符… Ⅲ.①木材-采伐剩余物-长效肥料-研究 Ⅳ.①S789.9

中国版本图书馆CIP数据核字(2016)第053064号

责任编辑：郭勇斌 曾小利/责任校对：李 影
责任印制：张 伟/封面设计：黄华斌

科学出版社出版
北京东黄城根北街16号
邮政编码：100717
http://www.sciencep.com
北京教图印刷有限公司 印刷
科学出版社发行 各地新华书店经销
*
2016年3月第 一 版 开本：720×1 000 1/16
2016年3月第一次印刷 印张：9 3/4
字数：121 000

**定价：58.00元**

(如有印装质量问题，我社负责调换)

# 目　　录

# 第1章　缓控释肥料壳体的释放机理

## 1.1 引　　言

中国是一个农业及林业大国，肥料在现代农、林业领域的生产中占有极其重要的作用。我国的土地面积是全球的7%，但肥料的消耗量却占世界的30%，单位面积肥料的使用量达世界的4倍(齐广成等，2008)。化肥利用率过低是我国肥料使用上存在的主要问题，不仅造成了资源的大量浪费，经济的巨大损失，还大大加重了农民的负担，而且对环境也产生极大的影响。所以，在保证农林业生产发展的前提下，提高肥料的利用率，减少因肥料使用而造成的环境污染，是高效发展、可持续发展的农林业领域中非常关键的课题。其中一种提高农林作物肥料利用率的有效途径是控制或减缓肥料的溶解及释放速率，因而研究并广泛推广缓控释肥料的任务迫在眉睫。

缓控释肥料是采用各种各样的调控机制来延缓肥料养分的最初释放，使植物对肥料的有效养分吸收及利用的有效期加长，最终使养分的释放速度能按照特定的释放速率和释放期来减缓或者控制释放的一种肥料。缓控释肥料的分类方式很多，以肥料的处理过程不同划分为化学型、物理型、物理化学型三类，物理型缓控释肥料即是通过一些物理过程的处理使其具有缓释或控释性能的肥料，如通过升温加热、涂刷、干燥等各种手段在肥料的表面喷涂一层或两层及以上的惰性物质，形成具有致密性的较低渗透性的膜，以控制雨水渗入肥料的核心及溶解的肥料养分溶液从缓释肥料的膜内扩散到外部的速度，从而延缓或控制肥料养分的释放速度。依据缓控释肥料加工工艺的不同可分为改性肥料(涂书新等，1999)和包膜肥料(谭金芳等，2003)两种，包膜控释肥为其中最大的一类(王月祥，2010)。包膜缓控释肥料是采取一些化学或物理方法在肥料表层包裹一层物料，用来减缓或控制肥料养分释放速率，提供作物整个生长期所需的养分(冯守疆等，2010)。

缓控释肥料在很大程度上提高了肥料的利用率，节约了能源，减少了对环境的污染，是一种环境友好型肥料。另外，通过缓控释肥料的使用，能减少施肥的次数，减少了劳动力，节约了生产成本。因此，缓控释肥料的使用是我国以及世界肥料的发展趋势，其开发与应用备受重视。2006年2月，《国家中长期科学和技术发展规划纲要(2006—2020年)》中就明确提出“重点研发环保型肥料、专用型缓控释肥料及肥料的施肥技术”，随后国家也相继设立了关于缓控释肥的开发、应用、推广的研究项目(张民，2007)。

## 1.2 缓控释肥料的国内外研究现状

自脲醛肥料于1924年取得专利之后，缓释肥料方面的发展已有很大的进步，继而发展到控释肥，并且有些已在实际农业生产上得以应用。美国于20世纪60年代最先成功研制及使用缓控释肥料，接着，日本、加拿大、英国、以色列、法国等很多国家也开展了此方面的研究工作(Shaviv，2000；Zaidel，1996；Jarosiewica，2003)，且在制备技术、释放机理等方面均取得了较大的突破。70年代以后，国内外对缓控释肥料的研究日益增多，包膜型缓控释肥料在生产制造方面的技术发展迅速，当前主要研究工作集中在肥料包膜材料的选择使用、养分释放机理和肥料评价方法等方面。

### 1.2.1　包膜型缓控释肥料的成型材料

长效碳酸氢铵是中国最早的缓释肥料，以钙镁磷肥作为包膜，于1973年由中国科学院南京土壤研究所成功研制（祝红福等，2008）。到目前为止，中国研发缓控释肥料已有40年，主要在开发包膜工艺、选择包膜材料方面取得可观的进展，并且在市场上已经存在小批量的产品（黄永兰等，2008），但我国的发展速度和研发水平与发达国家相比还是相差甚远，还需要加快进度进行实质性的提升。

1961年，美国田纳西河流域管理局（Tennessee Valley Authority）首先成功研制出硫包膜尿素（Sulfur coateol urea，SCU）。SCU是将尿素颗粒预热，然后用熔融的硫黄包裹而制成，其包膜层是由包硫层、密封层（0.2%的煤焦油混合物与3%的熔融蜡）、扑粉层（1.8%的硅藻土）组成（武志杰等，2003）。Grigori Pipko等（1990）专利中使用硫黄做包被材料制作包膜肥料（倪博立，2012），但是存在硫黄阻水性较弱、比较脆而不易于运输及储存、容易脱落等缺点，使得缓释效果不理想，容易退化并且性能不稳定。随后出现了在硫层上再加一层塑性较好的物质如石蜡和沥青作为密封层进行二次包膜技术的改进，用以增强缓释效果，改善其缓释性能。后来，又将烯烃聚合物包裹在肥料的外层（即名为Polys的产品），以进一步改进硫黄包膜材料较脆易碎等缺点。

美国ADM公司于1964年开发出了以热固性树脂（其成分主要是丙三醇酯与二聚环戊二烯的共聚物）为包膜的聚合物包膜肥料，并已经实现了工业化生产。Tangboriboonrat等（1996）使用天然的聚合物来生产聚合物包膜肥，即用天然的橡胶乳液包裹在尿素表面，这样能使尿素的释放期增多50天。但由于纯天然的高分子包膜材料有着控释特性不高的特点，Seng Yeob等（1985）的专利中提出一种把天然橡胶改性而制成的缓控释肥料，这样制成的膜不仅硬而且没有黏性，有利于储存以及施用。

Anna (2002)、Maria (2002)和 Tomaszewska (2004)通过采用聚砜和淀粉等材料而制备了包膜肥料。张玉龙等(2005)将一定浓度的天然高分子化合物加到溶剂中制成溶液,以此溶液作为黏结剂,再加入无机矿物材料,即可制成涂膜材料,用该涂膜材料包裹处理过后的尿素则可制成缓释肥料。刘秀梅等(2006)用高岭土制备的复合材料,因其对肥料养分 N、P、K 及有机碳具有较好的吸附作用并且黏性比较强,可以作为包膜的材料;另外,用塑料-淀粉制得的复合材料,也可作为缓控释肥料的包膜剂。施卫省等(2006)采用桐油作为包膜材料制备了包膜缓控释肥料,研究表明相同的包膜肥料在土壤中的释放周期是在水中的 1.2 倍。王碧等(2010)将明胶溶液(3%)、葡甘聚糖溶液(1%)、聚乙烯醇溶液(10%)三种溶液共同混合后,加入增塑剂(甘油溶液及吐温溶液),再在搅拌的时候加入甲醛(作为交联剂),最后加入一定的尿素即制成包膜。秦裕波等(2008)以亲水性 PA(水性聚氨酯)和 PU(水性丙烯酸)的混合水溶液作为包膜材料,添加黏结剂后,利用硫化床实现肥料包膜,从而制得缓控释肥料;通过改性后的 PA 溶液,以石蜡作为封闭剂,通过转鼓式的包衣机操作也可制得包膜肥料。毛小云等(2010)开发潲水油使用新途径,以其作为原料,通过精制、醇解等改性处理后和多聚异氰酸酯发生反应而制备包膜缓控释肥料,在很大程度上实现变“废”为“宝”。

虽然很多包膜肥料能达到比较理想的缓释或控释的效果,但实际上却存在所使用的材料难降解的问题,给环境带来诸多负面影响,因此,各种环保型可降解的缓控释肥料也应运而生。Hanafi 等(2002)指出了缓控释肥料的发展方向,提出缓控释肥料的包膜要使用可以降解的材料。王晓君(2004)采用有生物降解特性的聚合物制成的包膜肥料,不仅达到缓控释功能还能自然地降解。Modabber 等(2008)利用废旧报纸制成了环保型的尿素缓释肥料，用模具将废旧报纸处理成的纸浆制成面积为30cm×30cm的块状体，然后进行干燥处理，之后用尿素饱和溶液浸渍，最后经干燥、热压制成相互融合的缓释肥料。倪博立(2012)研究了一系列环境友好型的缓控释肥料包膜，包括一种具有保水功能的多元缓释肥料及基于瓜尔胶、海藻酸钠、醋酸酯淀粉、乙基纤维素与保水剂的四种多功能缓释肥料，主要论述了对各种缓释肥料制备工艺的探索和对应缓控释肥料性能的研究。

### 1.2.2　缓控释肥料养分的释放机理研究现状

不同种类的缓控释肥料，其养分的释放机理不同。包膜材料类型、水分、温度等都是影响包膜肥料释放机理的因素，根据包膜的材料类型，养分释放可分为：半渗透性膜层、不渗透膜和有微孔不渗透膜三类，包膜的材料性质是影响包膜缓控释肥料性能最主要及最直接的因素(段路路，2009)。

#### 1.2.2.1　包膜材料对缓控释肥料释放机理的影响

Goertz(1993)提出"破裂机制"之后Raban等(1995)提出了"扩散机制"的概念。"破裂机制"的过程主要为：水蒸气通过膜(膜的材料一般是脆的并且没有弹性)向肥料颗粒内扩散，包膜或者破裂或者膨胀，这样就能使肥料里的养分向膜外流出，其中硫包尿素是典型的以"破裂机制"形式释放的缓释肥料。"扩散机制"则是水蒸气通过膜渗进肥料颗粒内部后在肥料颗粒上凝聚，然后通过浓度梯度或者压力梯度推动肥料中养分扩散释放，主要是以弹性好的聚合物材料包膜的缓控释肥料养分的释放方式(范本荣等，2011)。

王亮等(2008)研究了经过羧基改性后的亲水性PA溶液通过包衣机处理后得到的包膜，其在一定程度上可以控制养分的释放效果，相对9%和3%的包膜量，6%时的效果比较理想。Kochba等(1990)在研究中发现用聚合物包膜的尿素肥料的释放速度同膜的渗透性质相关。Du等(2006)研究表明养分不同将影响聚合物缓控释肥料的释放快慢，比较N、P、K三种养分的释放速度，N释放速度最快，P最慢。赵秀芬等(2009)研究也证实了同种肥料不同养分释放的差异，膜材料的不同选用与缓控释肥料的释放速度有着相当重要的关系。

在用无机物材料包膜肥料方面，使用硫黄制作包膜材料的研究最多。使用硫黄包膜尿素，N的利用率是用普通尿素的2倍，对生长期比较长的作物特别适合使用；另外，针对土壤中S元素的不足还能在一定程度上给予补充，养分缓控释效果是通过对膜厚度的调节和密封层上石蜡的用量控制来实现的(王红飞等，2005)。Notario delPion等(1995)对钙十字沸石的缓释效果进行了研究，结果表明了其对磷钾的缓释效果有明显提高。2003年，Li(2003)研究表明了经过表面改良处理后的沸石可以应用于缓释肥料，能控制N的释放。

Jahns等(2000)在微生物对亚甲基尿素包膜肥料的生物降解的研究中发现Ralstonia paucula菌株能完全降解肥料的包膜材料，可以作为降解型包膜肥料的一个研究方向。倪博立(2012)研究的一系列环境友好型的包膜型缓控释肥料中，在包膜工艺上，肥料的内层包膜采用亲水性高分子材料(瓜尔胶、海藻酸钠)较采用疏水性材料(醋酸酯淀粉及乙基纤维素)更简单，但在缓释性能方面，疏水性材料包膜的效果更好。肖强等(2008)研制了四种纳米级别胶结包膜型的缓控释肥料，与普通化肥相比较，其不仅能有效提高N的利用率，而且还能减少硝态氮在淋湿时的溶解损失，对小麦、玉米等作物的品质和产量也具有一定程度的促进作用。

#### 1.2.2.2　环境条件对缓控释肥料释放机理的影响

土壤水分、温度等众多因素对各种包膜肥料的影响存在较大程度的差别。土壤微生物的活性对硫黄包膜肥的释放影响较大，主要影响与硫黄相似的无机物包膜肥料却是土壤的水分，而有机聚合物包膜肥，主要受土壤温度的影响较大。缓控释肥料在土壤及水等不同介质中的养分释放特性不同，主要由于水是均相体系，比较单一，而土壤中的水分则不同，是各种离子盐溶液的组合，受影响的因素比较复杂(段路路等，2009a)。

陈可可等(2011)探讨了在同一温度下，10%、40%、80%、100%不同含水量的土壤对聚合物包膜尿素和普通缓慢溶解的复混肥两种肥料的养分释放特性的影响，结果表明：缓控释肥料的养分释放率与土壤含水量显著相关。Shavit等(2003)研究了包膜缓释肥料在液态湿渗水和蒸汽水两种条件下的释放机理，结果表明两种环境下肥料的释放速度存在显著差异。段路路等(2009b)在研究中发现缓控释肥料的养分释放速度同温度有关联，采用100℃快速浸提法测定的养分释放速度比25℃的快。赵秀芬等(2009)研究了三种肥料在20℃、30℃、40℃、50℃四个不同温度下养分累积释放率的快慢，发现其随着温度的上升而加快，此研究也证实了缓控释肥料的养分释放速度与温度的关联。郑圣先等(2002a)和肖剑等(2002)针对温度、土壤水分、水蒸气压等因素对包膜型控释肥料的养分释放规律的影响进行了一系列的报道，发现它们对肥料的释放特性有着显著的影响。

关于降解型包膜肥料的养分释放，夏玮等(2009)研制了甲壳素包裹缓释肥料(CCF)，并研究了水蒸气压、土壤中水分、温度等因素对CCF的养分释放特性的影响，结果表明各因素与CCF的释放特性息息相关。Modabber等对在不同介质中尿素与废纸相互融合而制成的缓释肥料的释放特性进行了研究，结果发现N的释放速度比较缓慢，并且比较稳定，另外还发现N在蒸馏水中的释放速度比在土壤中的慢。

### 1.2.3　缓控释肥料的应用研究现状

缓控释肥料作为一种新型的肥料，国家对其开发应用给予了重大支持及鼓励，相关研究领域的工作者也对其进行了大范围的研究。虽然实现缓控释肥料大范围的推广及应用不是一个短暂的过程，但就目前来看，其在农业及林业上的作用日趋重要，在粮食、蔬菜瓜果、经济作物等方面的应用研究，均取得了较大的成果（马松等，2010）。

缓控释肥料在农业领域中的应用主要有改善农作物品质、提高化肥利用率、节省成本三个优势，并且在用量上比普通的化肥约少两成。现阶段对缓控释肥料在农作物上的应用研究报道很多。吕玉虎等（2010，2012）研究了对水稻施以缓控释肥料的技术，通过田间试验的研究发现：缓控释肥料的施用不仅能使水稻的产量显著增加，而且水稻对N的利用率也有所提高。党建友等（2008）对小麦施用风化煤包膜复合肥的缓控释肥料后，虽然小麦的成穗数有所减少，但是小麦的蛋白质含量及籽粒产量等都有所提高。同样，缓控释肥料在玉米、大豆等农作物上也有应用研究（张秋英等，2002）。

另外，在柑橘（俞巧钢等，2001；余观梅等，2002）、蜜柚（吴凌云等，2011）、苹果（邵蕾等，2007）等多种果树上应用缓控释肥料都有相关的报道，研究表明缓控释肥料的使用不仅能提高果实的产量，还可以使果实的品质有所提高。洪春来等（2003）也把各种缓控释肥料应用在茶树上，缓控释肥料的施用有利于茶树的生长，至今此方面的研究已有一定的进展，有望将其进行推广及应用。但到目前为止，缓控释肥料在林业上的应用主要集中在一些经济价值比较高的植被上，比如在草坪、花卉苗圃（余爱丽等，2003）、高尔夫球场植被（陈燕等，2008）等上已有一定程度的研究进展，但其在用材林方面的应用研究比较少，主要原因是生产缓控释肥料的成本比较高，价格比较贵，所以应用还比较有限。

### 1.2.4 当前缓控释肥料的存在问题及其发展趋势

国内外缓控释肥料的研究虽然已经取得了很好的成绩，但仍然存在以下一些问题。

(1)缓控释肥料的性价比问题。从生产成本方面比较，非包膜的缓控释肥料的成本虽然增加较少，但其养分的控释效果却不稳定；而包膜的缓控释肥料，其成本却是普通肥料的2～3倍，甚至4～6倍及以上(陈琳，2009)，因此，包膜缓控释肥料常常用于生产一些有着较高经济价值的苗圃花卉等。提高缓控释肥料的性价比及其控释效果仍是目前急需研究并解决的问题，是缓控释肥料研究的一个方向。

(2)缓控释肥料释放效果的控制问题。目前对缓控释肥料的释放特性的研究很多，但因为影响肥料释放的因素相当多，所以肥料的养分释放很难与作物吸收养分的步调达成一致。完全控制缓控释肥料的释放速度是一个需要解决的问题，也是目前缓控释肥料的发展趋势。

(3)缓控释肥料产业化生产问题。到目前为止，基本上实现了缓控释肥料的产业化，且其生产工艺相对来说还比较简单。包膜缓释肥料因为设备及制作工艺比较复杂，而且其养分释放的控制要求也比较严格，所以尚未实现产业化生产。因此，对包膜材料、设备及工艺的开发，重点对一些专用类型的缓控释肥料的研究，是实现包膜缓控释肥料产业化生产的解决路径。

针对目前缓控释肥料的研究现状及存在的问题，原料充分、可降解、成本低、缓放效果好等均是未来缓控释肥料的发展趋势，未来的缓控释肥料研究应主要集中于解决这些重要问题，这样才能符合市场的发展要求。

## 1.3 木材剩余物应用于制作缓控释肥料壳体的构想

### 1.3.1 木材存在空隙

木材属于多孔性材料，由管胞、木纤维、导管、薄壁细胞等多种细胞构成，木材细胞存在细胞壁及细胞腔，木材细胞壁上存在大量纹孔空隙，如杉木边材早、晚材每个管胞平均纹孔个数分别为110、65个，马尾松边材早、晚材每个管胞平均纹孔个数分别为120、19个(鲍甫成等，2003)。木材细胞存在着大毛细管及微毛细管两种大小结构不同的空隙，也称为木材永久空隙和瞬时空隙(中户莞二，1973)。永久空隙一般是指在干燥或湿润状态下其大小、形状几乎无变化的空隙，如细胞腔、纹孔室等，此部分空隙较大。瞬时空隙则是由于润胀剂的存在而形成，干燥时完全消失掉的空隙，如细胞壁中空隙等，此部分空隙较小。

由细胞腔等构成的大毛细管空隙较大，一般都达到微米级别，如杉木的细胞腔直径为35μm(符韵林等，2005)，纹孔膜上的塞缘的空隙一般为0.1～1μm(申宗圻，1990)，细胞壁上的空隙一般为2～10nm(赵广杰等，2004)。水分的直径约为0.4nm，因此，木材细胞中的空隙足够水分子通过。

### 1.3.2 淀粉胶黏剂特性

淀粉胶黏剂是以天然淀粉(如玉米淀粉、小麦淀粉、土豆淀粉、大米淀粉、木薯淀粉和甜薯淀粉等)为主剂(张玉龙等，2008)，经糊化、氧化、络合以及其他改性技术制备的天然环保型黏接物质。淀粉胶黏剂容易返潮，耐水性差，遇水会降解，因为淀粉分子主链上带有许多强亲水性的羟基官能团，羟基之间互相结合形成氢键，使淀粉胶黏剂具有一定的黏接力，但是羟基与水分子的内聚力远大于它对胶接材料的结合力，羟基对胶接材料的吸附被水分子解吸，遇水后，淀粉胶黏剂的湿胶合强度严重下降，甚至失效(李慧连等，2008)。

### 1.3.3　木材剩余物制造缓控释肥料壳体的构想

图 1-1 木材剩余物制造缓控释肥料壳体构想，主要体现在四个方面：一是模具设计与制造，根据壳体需要制造相应规格型号的模具，壳体的形状可为圆形、方形等不同形状，圆形的模具制造较方便，压制时容易脱模，在运输及实际施肥使用中也较方便。壳体的大小根据所要装载的肥料而定，一般来说，给林木施肥使用的壳体较大些，给花卉、盆景等施肥使用的壳体小些；同时，与壳体的计划供肥期有关，计划供二年肥的壳体应较大，而只供一年肥的壳体较小。二是木材剩余物的预处理，先将木材剩余物破碎成长条形的刨花，长度 10～20mm，直径3～4mm，然后将其干燥至含水率为 10％～15％。刨花的形状对壳体的渗透性有较大的影响，长条形的刨花黏合后，仍能保持木材较好的渗透性；而刨花太细，黏合时，表面积大，胶接表面积大，木材的渗透性受到影响；刨花过大、过长，壳体不易平整，易形成空隙。木材含水率高低对壳体的成型影响很大，含水率太高，不容易干燥，壳体成型时间长。三是淀粉胶黏剂的制造，以玉米淀粉、小麦淀粉、土豆淀粉、大米淀粉、木薯淀粉和甜薯淀粉为主要原料，将淀粉和水以一定比例配合，要求得到的淀粉胶黏剂黏度适中，胶合强度与耐水性根据需要而调节，尽量使淀粉胶的降解速度与肥料释放的速度相一致。四是壳体的压制与使用，木材剩余物和淀粉胶黏剂以一定比例配合后进行壳体压制，压制时要考虑压力、时间等影响因素，制造得到的壳体需达到一定的强度，能保证装载肥料、运输及填埋壳体等工作。壳体制造完成后，即可装肥，供树木、花卉施肥使用。

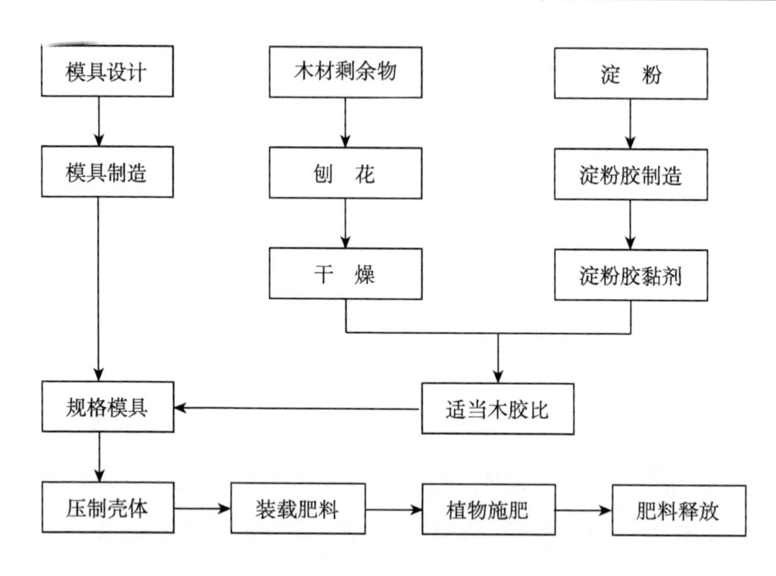


图 1-1　木材剩余物制造缓控释肥料壳体的构想

## 1.3.4　木材剩余物缓控释肥料壳体的释放机理

图 1-2 木材剩余物缓控释肥料壳体的肥料释放过程，先将装载肥料的壳体埋入土壤，下雨后，雨水通过土壤渗透下来，进入装载肥料的壳体内，一种途径是从顶部进入，另一途径是从壳体四周渗透进来。水进入壳体后，肥料遇水溶解，壳体中的干肥料就成了肥料水溶液，如果是在旱季使用，可以将壳体埋入土壤后立即浇水。壳体中的水将向外渗透，肥料溶解在水中，将随着水而一起向外渗透，主要通过两种途径，一是通过木材自身存在的孔隙渗透，主要是通过细胞腔、纹孔、纹孔膜塞缘上的小孔、细胞壁中的空隙等由壳体内向壳体外转移；二是该壳体由淀粉胶黏剂黏合而成，淀粉胶黏剂遇水会降解，原本紧密结合的壳体将变得越来越松散，形成了可供肥料水溶液渗透的通道。因此，在这两种通道的作用下，壳体中的肥料逐步地转移到壳体外，供植物生长吸收。

关于木材剩余物制造缓控释肥料壳体，符韵林等（2015，2014，

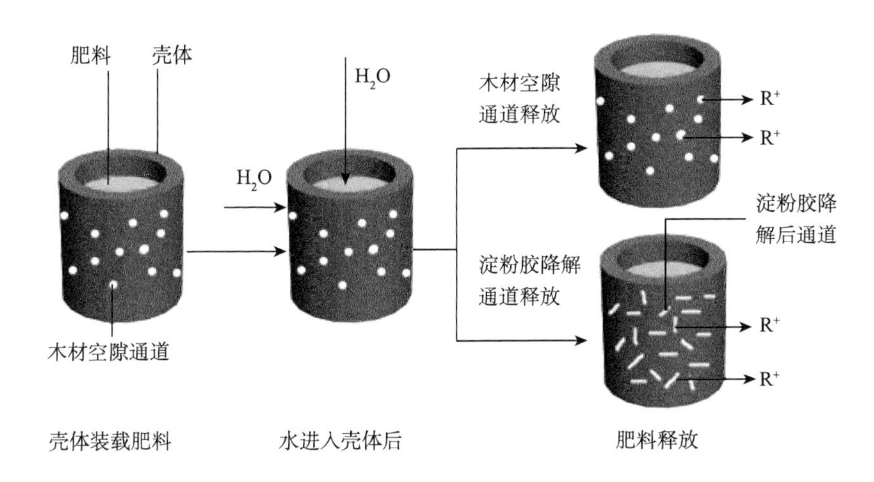


图 1-2　木材剩余物缓控释肥料壳体的肥料释放机理

2010,2009)不但提出了制备的思想,同时获得了 3 项国家发明专利及 2 项实用新型专利,已研发出了制造木材剩余物缓控释肥料壳体的工艺技术。

# 第 2 章　壳体的设计与制造

## 2.1　引　　言

采用一次成型压制异形板或容器，受其形状、成型工艺等因素的影响，需要借助模具或成型机，通过一定的方法（如热压、挤压或者冲压）一次成型压制而成。利用木材剩余物，采用一次成型制造缓释肥料壳体容器，容器为圆柱形。由于木材剩余物本身不具有流动性，压制壳体容器时会受到压力不均匀等因素的影响，壳体容器的厚度、密度等参数也不易控制。因此，一次成型压制木材剩余物缓控释肥料壳体具有一定的难度，需要通过特殊的设计方法才能实现，这是本章所要解决的问题。

## 2.2　壳体成型机的设计

### 2.2.1　壳体成型机的结构及成型工艺分析

壳体成型机模具总体结构装配图如图 2-1 所示，该成型机采用通用模架，主要由气缸（Ⅱ）、外模、外模固定环、外模定位环、边模、下模、配重以及气缸（Ⅰ）组成。通过调节外模定位环的位置即可冲压出不同环形墙厚度、不同直径的壳体，依靠配重来提供恒定的冲击压力，为 294N。通过调节配重击打次数来控制壳体的密度，可以节约壳体成型机的生产成本。气缸（Ⅱ）连接电磁铁，通过气缸（Ⅱ）的运行带动电磁铁，吸起或者放开环形夯，在电磁铁吸起环形夯时投料，在电磁铁放开环形夯时打料。外模由 4 片外模部件构成，并通过外模固定环固定，由外模定位环来定位。边模在外模内部，与外模共同确定壳体的环形墙厚，边模与外模之间为装料空腔。下模在边模内部，给边模提供支撑，气缸（Ⅰ）的作用是控制下模的升降运动。

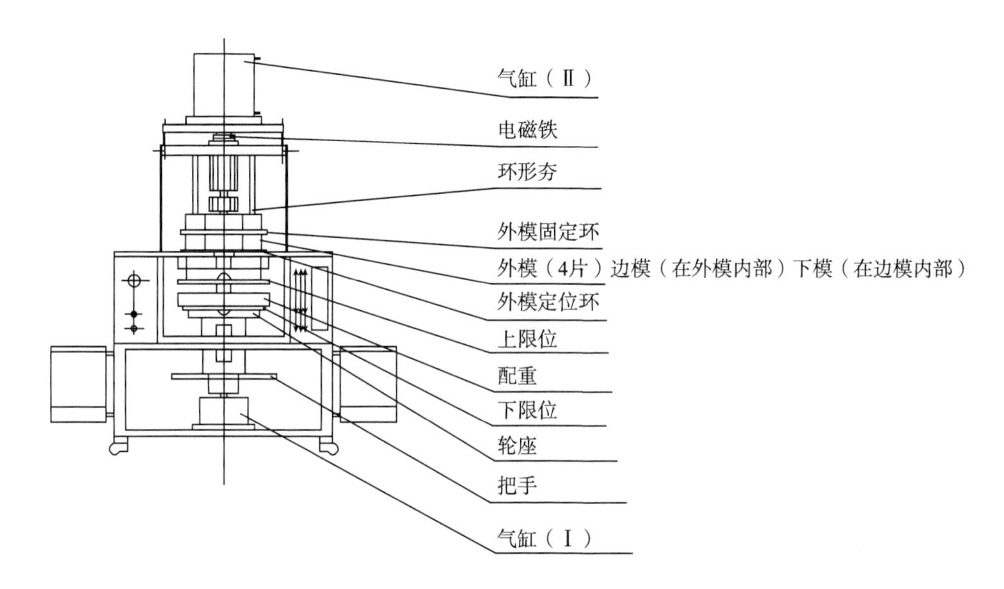


图 2-1　壳体成型机总体结构示意图

#### 2.2.1.1　上模设计

上模是成型机的主要部件，采用的材料是不锈钢，设计的上模如图 2-2 所示。图 2-2 中未注公差尺寸按 IT13(13 级精度标准公差)，其余锐边倒棱 0.2×45°。整个上模的主要尺寸为：直径 134mm，高 30mm，中心部位预留通孔，下边缘倒角 2mm，以便密封。

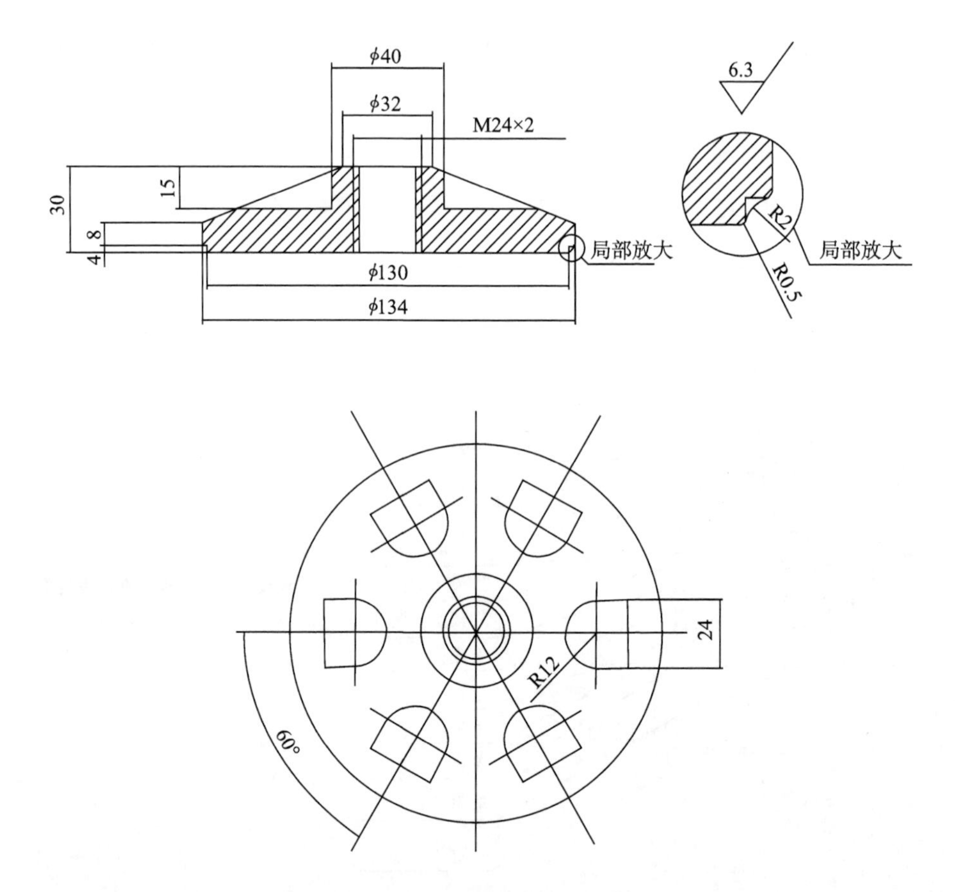


图 2-2　上模设计图

#### 2.2.1.2　环形夯设计

环形夯也是模具的主要零件,采用不锈钢材料。环形夯的设计如图 2-3(a-d)所示,连接上模,通过环形夯的升起,打开进料口来进行投料,环形夯下降后密封容器进行打料。环形夯为圆柱形,中间有连接杆,整体尺寸为:高 322mm,内部直径为 134mm,图 2-3 中未注公差尺寸按 IT13,其余锐边倒棱 0.2×45°。

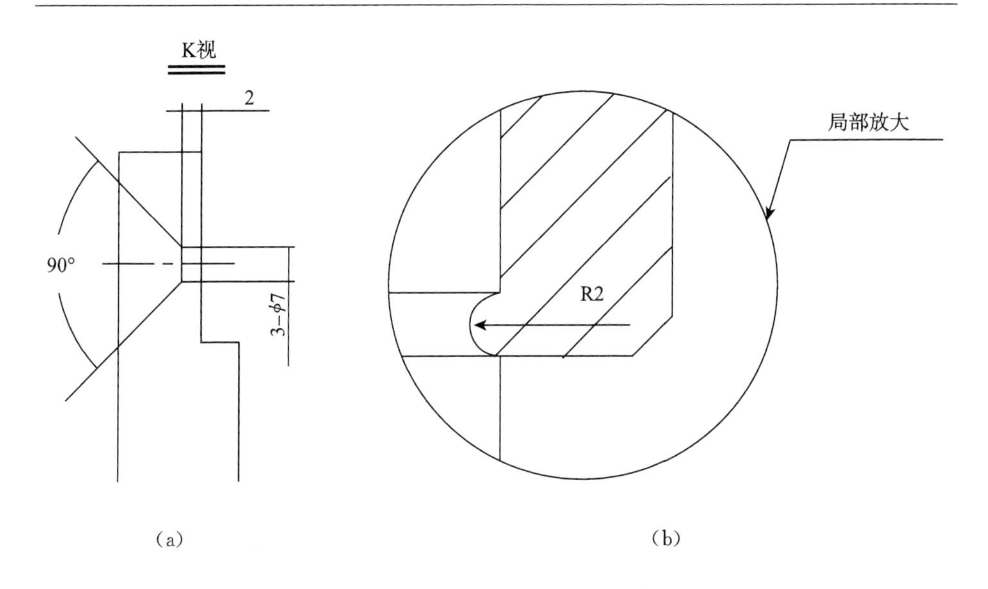
K视
2
90°
3−ϕ7
局部放大
R2

(a)　　(b)

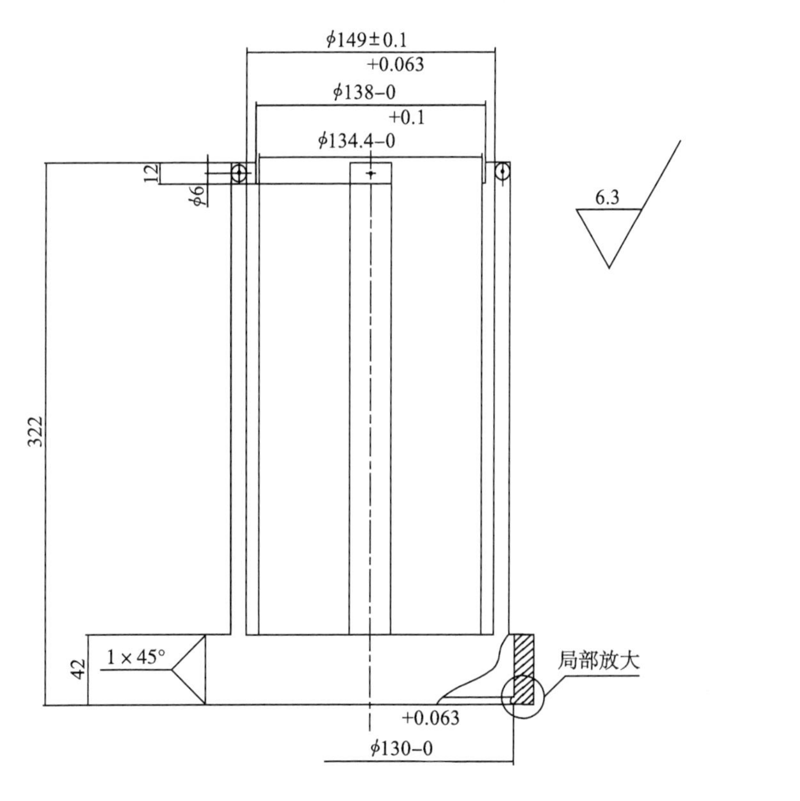
ϕ149±0.1
+0.063
ϕ138−0
+0.1
ϕ134.4−0
12
ϕ6
6.3
322
42
1×45°
局部放大
+0.063
ϕ130−0

(c)

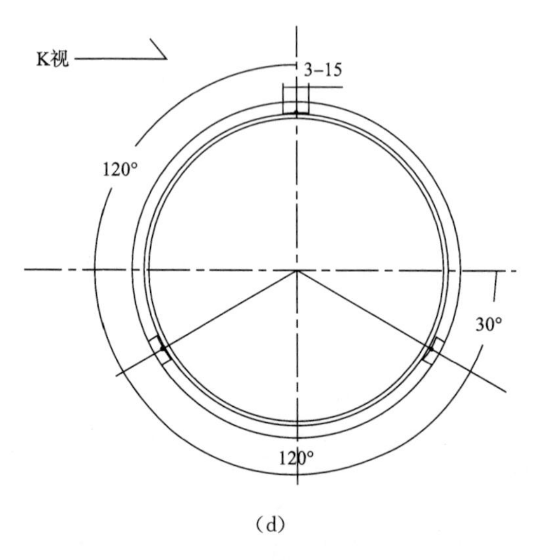


(d)

图 2-3　环形夯设计图

#### 2.2.1.3　外模设计

外模是成型机模具的主要零件，整个外模分为 4 片，采用不锈钢材料，起到固定容器的作用。外模的设计如图 2-4 所示，外模整体尺寸为：高 204mm，外径为 160mm，内径为 150mm，图 2-4 中未注公差尺寸按 IT13，其余锐边倒棱 0.2×45°。

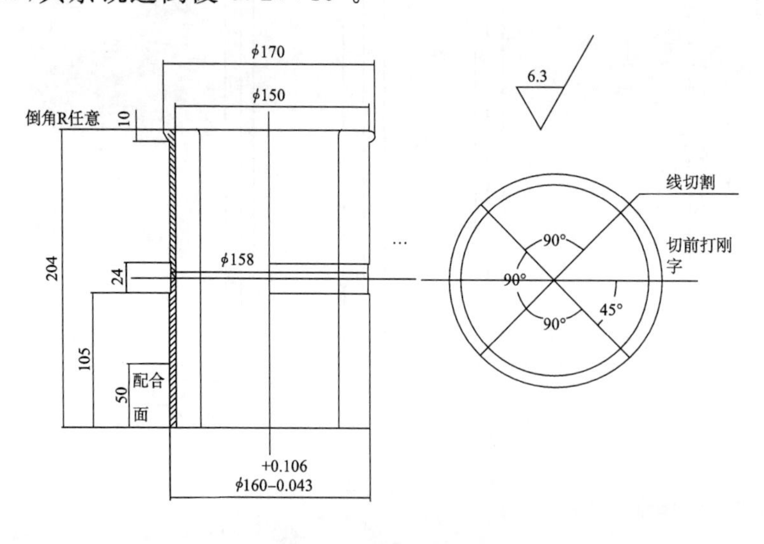


图 2-4　外模设计图

#### 2.2.1.4　外模定位环设计

外模定位环的作用就是将 4 片外模进行定位，从而确定壳体容器的直径，采用的是 LY12-R 铝材料。外模定位环设计如图 2-5 所示，直径尺寸为 196mm，可以通过位移孔进行定位，图 2-5 中未注公差尺寸按 IT13，其余锐边倒棱 0.2×45°，涂覆为黑色。

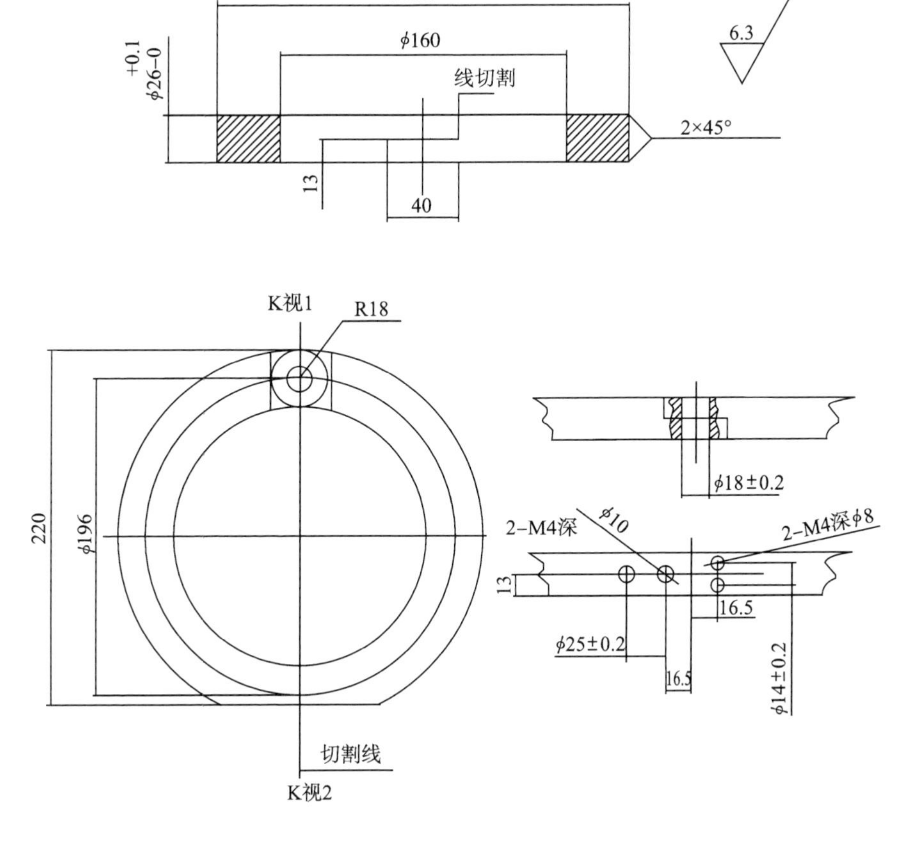


图 2-5　外模定位环设计图

#### 2.2.1.5　下模设计

下模是成型机模具的重要零件，下模连接气缸（Ⅰ），由气缸（Ⅰ）带动其进行升降运动，采用不锈钢材料制作。下模设计如图 2-6 所示，下模由两个部件组成，方便拆卸，端部为半圆形，直径 130mm，整个下模高 210mm。图 2-6 中未注公差尺寸按 IT13，其余锐边倒棱 0.2×45°。

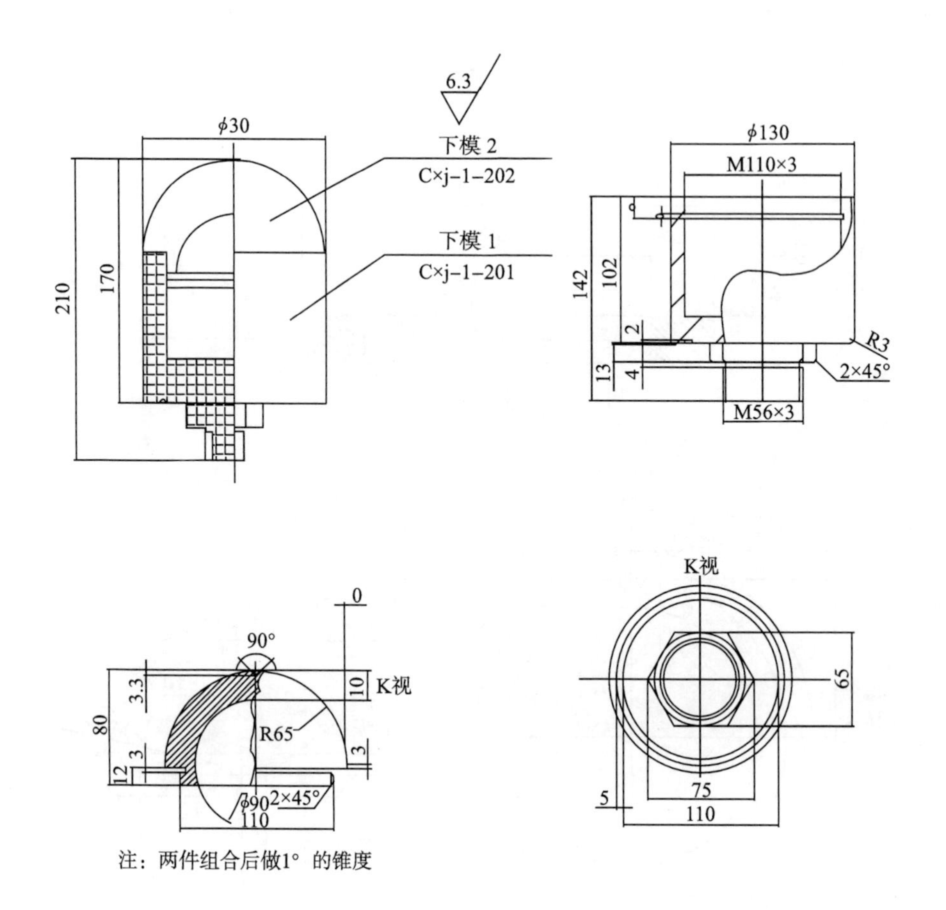


图 2-6 下模设计图

#### 2.2.1.6 边模设计

边模也是成型机的主要零件之一，置于外模内部，与外模共同组成装料空腔，采用不锈钢材料。边模设计如图 2-7 所示，为圆柱形，直径 158mm，高 250mm，未注公差尺寸按 IT13，其余锐边倒棱 0.2×45°。

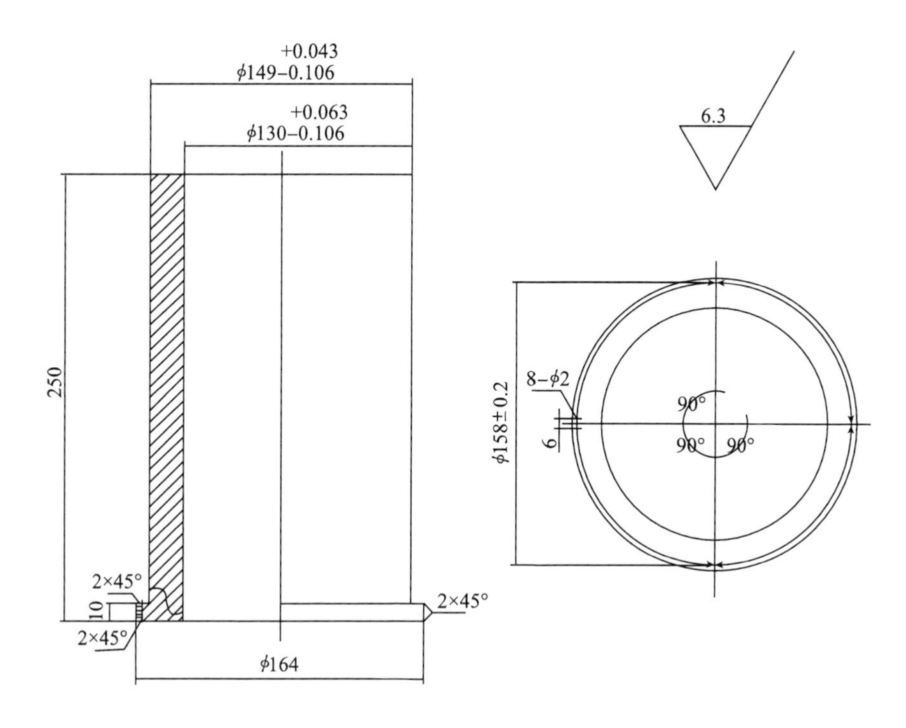


图 2-7　边模设计图

## 2.2.2　壳体成型机的操作方法与步骤

### 2.2.2.1　壳体成型机的操作方法

1)将 4 片外模放入环形槽内,以外模定位环和外模固定环将其定位并锁紧;

2)用气缸(Ⅰ)升起下模;

3)升起边模至配重接近下端限位;

4)人工将环形夯放入外模组合体内;

5)借助气缸(Ⅱ),在电磁铁吸起环形夯时进行投料,在电磁铁放开环形夯时进行打料;经若干次后制成环形墙,总墙高以配重接近上端限位为准；

6)在环形夯上装好上模；

7)投料一次，用气缸(Ⅱ)的电磁铁控制带上模的环形夯经几次打击制成底；

8)人工旋转把手使壳体与下模脱离，用气缸(Ⅰ)降下下模；

9)人工将环形夯提出外模组合体，卸去上模，为下次使用做好准备；

10)松开外模定位环的搭扣锁，取出盛着壳体的外模组合体，卸去4片外模将壳体拿去干燥。

### 2.2.2.2 壳体成型机的操作步骤

壳体成型机的详细操作步骤如图 2-8(a-k)所示。

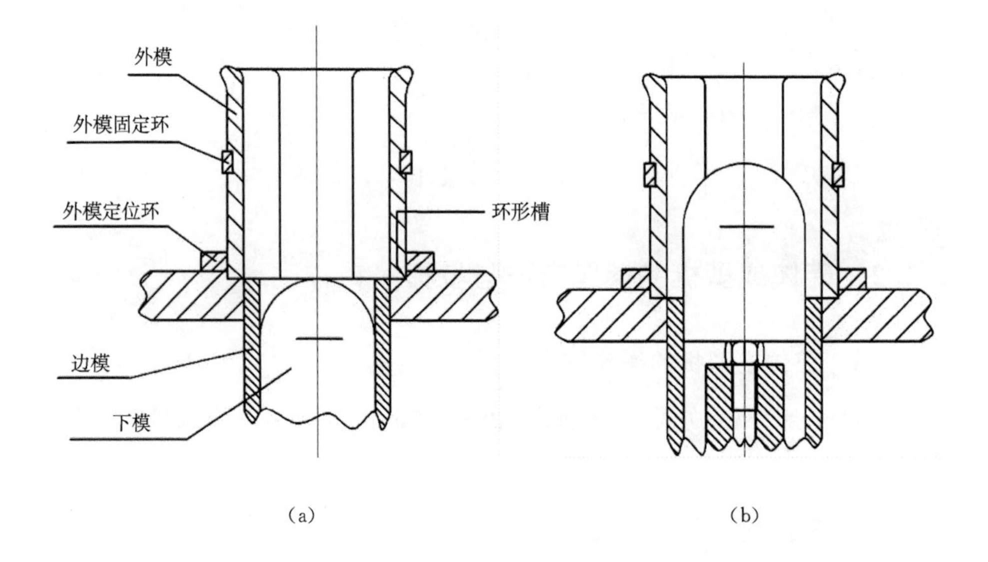


(a) (b)

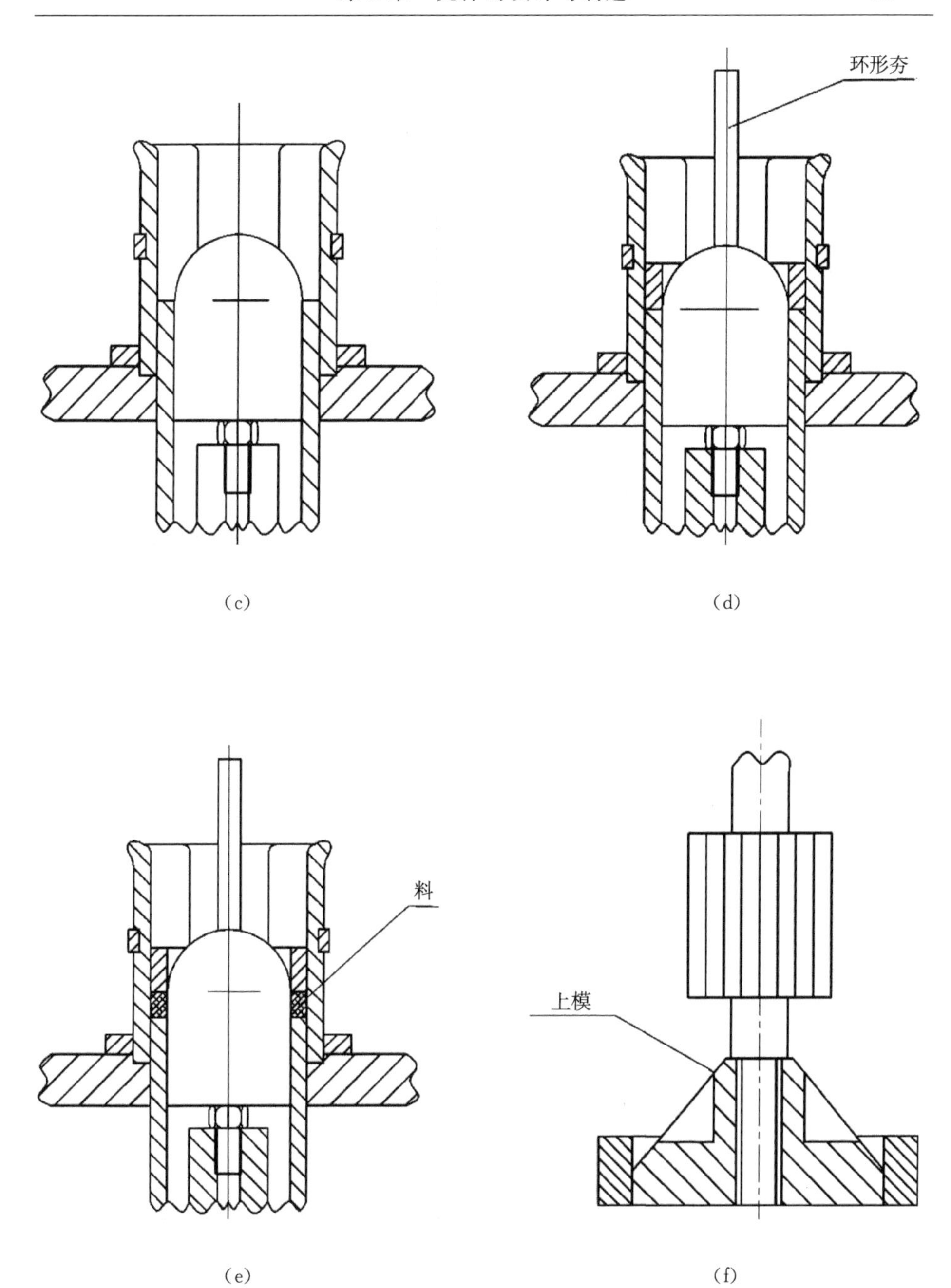


（c）　（d）

（e）　（f）

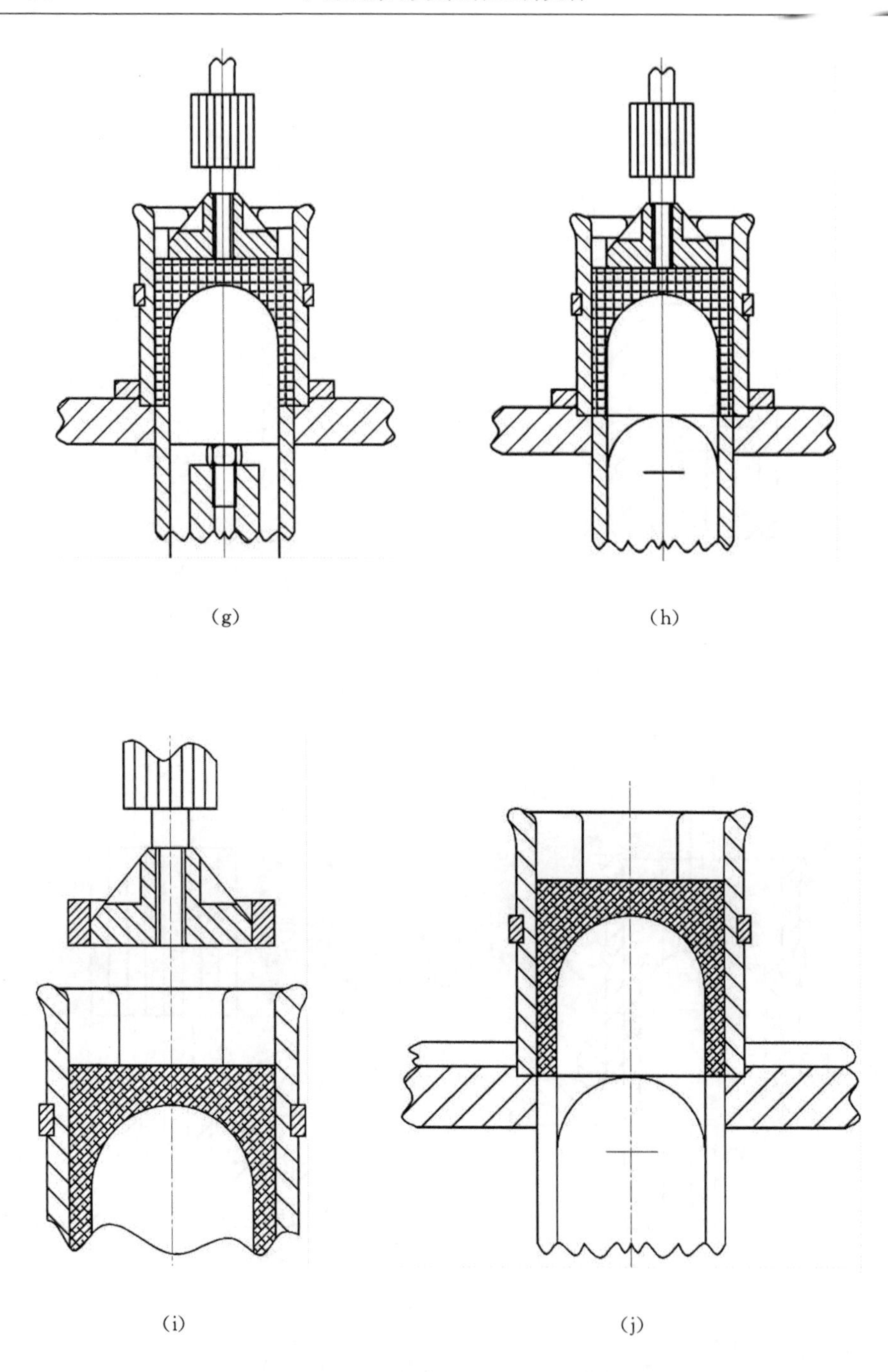

(g)　(h)

(i)　(j)

(k)

图 2-8　壳体成型机操作步骤

# 2.3　壳体的制造

## 2.3.1　主要材料

壳体制作主要实验材料有：木材剩余物(14～28 目规格的松木粉末、香椿木粉末)、生物油淀粉胶黏剂、塑料大桶、大烧杯、塑料膜、纤维素等。

## 2.3.2　主要仪器

壳体制作主要实验仪器设备有：壳体成型机、搅拌机、电子秤、含水率测定仪等。

## 2.3.3　一次成型制造壳体的方法

通过壳体成型机，采取一次成型法制备木材剩余物缓释肥料壳体。把木材剩余物与生物油淀粉胶黏剂按 19∶1 的质量比混合，将混合后的木材剩余物置于搅拌机进行均匀搅拌，把搅拌好的物料放置在室内晾干至含水率 10%左右，冲击压力为 294N，击打次数为 5 次，壳体的直径 D 为 150±2mm。首先将成型机的 4 片外模放入环形槽内，通过外模定位环和外模固定环将其定位并锁紧，启动气缸（Ⅰ）将下模升起，接着升起边模至配重接近下端的限位，将环形夯放入已定位的外模组合体内，再启动气缸（Ⅱ），在电磁铁吸起环形夯时进行投料，在电磁铁放开环形夯时进行打料，经若干次后制成壳体的环形墙，总墙高以配重接近上端限位为准。做好壳体的环形墙之后，在环形夯上装好上模并启动气缸（Ⅱ），投料一次，用气缸（Ⅱ）的电磁铁控制上模的环形夯经几次打击制成壳体的底部，此时已完成壳体的一次成型。最后是脱模工序，先人工旋转把手使壳体与下模脱离，启动气缸（Ⅰ）将下模缓慢降下，接着将环形夯提出外模组合体，即可卸去上模，为下次使用做好准备，再把外模定位环的搭扣锁松开，取出盛着壳体的外模组合体，然后再卸去 4 片外模将壳体拿出来；将壳体进行干燥，壳体制作完毕。

壳体成型机采用冲压成型法一次成型制作壳体，要求拌好的木材剩余物坯料具有较好的流动性，并且易于成型和自保持，所使用生物油淀粉黏稠度类似大米稀饭，容易降解；壳体成型后，通过在常温晾晒若干小时实现，以没有固定的固化温度点为佳；干燥后的壳体能使盛在里面的液体实现微渗漏；壳体在使用 7～8 个月后能自然降解化为木屑。

### 2.3.4 成型壳体实物图

如图 2-9（a-b）所示为成型机一次成型制造的壳体。图 2-9（a）壳体压制配方为：95%木材剩余物、5%生物油淀粉胶黏剂。图 2-9（b）壳体压制配方为：95%木材剩余物、5%生物油淀粉胶黏剂、少量纤维素。

(a)

(b)

图 2-9　成型壳体实物图

(a)高度 15cm、直径 15cm、厚度 10mm；(b)高度 18cm、直径 15cm、厚度 10mm

## 2.4　小　　结

采用冲压成型法工艺制备木材剩余物缓释肥料壳体，既能够提高材料的利用率，同时还能减少工序工时，降低生产成本。通过对壳体结构进行分析，根据木材剩余物具有质量轻、可塑性、黏弹性等特点，制定了合适的一次冲压成型工艺，并设计了一套壳体成型机模具。通过试验验证了壳体一次性冲压成型是可行的。

本章的主要结论如下：

(1)设计了一套壳体成型机，并对其结构以及一次成型工艺进行了分析。

(2)制定木材剩余物缓释肥料壳体的成型工艺及工艺参数为：木材剩余物与胶黏剂按照 19：1 的质量比进行配料，由配重件提供冲击压力，恒定冲击压力为 294N，成型机通过外模固定环和外模定位环来控制壳体环形墙的厚度，通过控制配重击打次数来调节壳体的密度。

(3)以松木、香椿木木材剩余物和生物油淀粉胶黏剂为原材料,通过壳体成型机,采用连续多次冲压成型的方法制备出圆柱形的木材剩余物缓释肥料壳体,此方法可一次成型制成壳体,工艺简单。

# 第3章　壳体特性对肥料释放规律的影响

## 3.1　引　　言

缓释肥料的释放特性受很多因素影响，包括膜的材料、包膜的厚度及孔隙度等。可用于制造缓释肥料壳体的包膜材料很多，包括无机物材料（如硫黄）、聚合物材料（如水性聚氨酯）、高分子材料（如瓜尔胶、海藻酸钠）等。不同材料所具有的特性不同，所以当其作为缓释肥料的包膜材料时，其释放的速度也会不同。同样的包膜材料，膜的厚度会影响其释放速度，樊小林等（2005）研究了采用水溶性树脂为包膜材料的控释肥的养分释放特性受膜厚度的影响，发现N的释放速度随着膜的厚度的增加而减小。同样的，膜的紧实度也会影响缓释肥料的释放速度，黄培钊等（2006）研究发现由于不同工艺制造的缓控释肥料的外表面紧实度的不同，其N累积溶出率也不同，紧实度越高其养分累积溶出率越低。

木材的多孔性及渗透性等特征决定了木材剩余物制作缓释肥料壳体的可行性，木材剩余物制作的缓释肥料壳体，其释放规律同样与膜材料（木材剩余物类型）、包膜的厚度（壳体厚度）及膜孔隙度（壳体密度）等因素有关。所以为研究木材剩余物缓释肥料壳体的肥料释放规律，本章采用人工模拟降雨试验研究壳体特性（包括木材剩余物类型、壳体密度和厚度）对壳体肥料释放规律的影响，通过研究肥料的释放规律优化壳体制造工艺，为指导实际林木施肥作业及制备可控释肥料的壳体提供理论的依据。人工模拟降雨试验可人工调控，减少了自然降雨的时间性、偶然性，能更好地研究壳体的肥料释放规律。

## 3.2 材料与方法

### 3.2.1 材料

#### 3.2.1.1 实验材料

本试验中所使用的材料主要有：

(1)木材剩余物。实验中采用的木材剩余物从木材加工厂购置，主要是加工的边角碎料、木屑，有松木及香椿木两个树种。将木材剩余物晒干(含水率约5%)后进行筛分，筛分后用于实验的规格是14～28目和≥28目两种。

(2)胶黏剂。本实验使用的胶黏剂是脲醛胶，直接从工厂购买，脲醛胶固体含量为53%，固化温度105～125℃。

(3)其他。塑料大桶、石英砂、塑料小口瓶(500ml)、塑料大口瓶(500ml)、保鲜膜、软管、PVC硬管等。

#### 3.2.1.2 主要仪器

本试验中所使用的仪器主要有：①搅拌机(嘉鹏牌和面机，DWD-268型)；②平板硫化机(XLB100-D，浙江双力集团湖州星力橡胶机械制造公司)；③精密推台锯(MJ263$C_1$-28/45，山东东维木工机械有限公司)；④分光光度计；⑤火焰光度计；⑥其他，如热熔枪(热熔胶)、电子天平、含水率测定仪、钢尺、容量瓶(50ml，100ml)、电磁炉、移液枪、移液管、烧杯、量筒、漏斗(滤纸)、玻璃棒等。

#### 3.2.1.3 主要化学试剂

本试验中所使用的化学试剂主要有：磷酸二氢钾、浓硫酸(分析纯，密度1.84g/ml)、高锰酸钾、草酸、二硝基酚、乙醇、氢氧化钠、钼酸铵[$(NH_4)_6Mo_7O_{24}\cdot 4H_2O$,分析纯]、酒石酸锑钾($KSbOC_4H_4O_6\cdot 1/2H_2O$,分析纯)、抗坏血酸($C_6H_8O_6$,左旋,旋光度+21°~+22°,分析纯)、氯化钾、乙酸铵、蒸馏水等。

## 3.2.2　方法

### 3.2.2.1　壳体的制造方法

此处壳体采用二次成型的方法制备。将脲醛胶与木材剩余物以1∶6的质量比采用搅拌机进行混合搅拌,搅拌均匀后晾置至含水率约10%。称取拌有胶的木材剩余物进行铺装(面积为40cm×40cm),然后将厚度规置于平板硫化机中压制板块(图3-1),其中施胶量为9.8%,热压时间7min,热压压力为1.4~2.1MPa,热压温度为130℃。压出来的板块冷却后对其进行裁边,然后采用精密推台锯锯出所需规格的小板块,最后用热熔胶将6块小板块粘成一个立方体的壳体(图3-2),壳体的容量为6cm×6cm×6cm。将制成的每个壳体装载200g磷酸二氢钾,用来研究壳体肥料释放规律。因氮氧化物易挥发故不测量N的含量,以此保证测定数据的准确性便于实验的研究,此处采用磷酸二氢钾替代肥料,也减少了肥料对环境的污染。

图3-1　板块的压制

图3-2　香椿木壳体

#### 3.2.2.2 人工模拟降雨方法

①试验装置设置。此部分试验在广西大学林学院的苗圃温棚室内进行。首先在大桶中放置10cm深的石英砂，然后将装有磷酸二氢钾的壳体放在中心位置，最后用石英砂将壳体填埋直至填满大桶，此时壳体顶部距石英砂表面约10cm，石英砂起过滤作用，本身不含N、P、K等化学成分，不影响养分的测定。用500ml塑料小口瓶盛蒸馏水匀速地对石英砂表面的中间位置进行滴水，水透过石英砂渗入壳体里的肥料，肥料因溶于水而随着水一起向外渗透，通过大桶侧边钻的孔经过软管及PVC硬管后流入一个500ml塑料大口瓶中，实验中的大桶及接水样的塑料大口瓶都用保鲜膜密封，以防水分的蒸发。②每种处理方法设置3个重复实验，此部分实验共有24个试验，编号为1～21，28～30，其中编号28～30为空白对比实验，没有埋壳体，只放入200g磷酸二氢钾，每个试验的相应参数如表3-1所示，其中编号1～6的壳体采用的是≥28目规格的木材剩余物，其余的规格都为14～28目。试验编号1～6用于研究木材剩余物类型对肥料释放规律的影响；试验编号7～15用于研究壳体密度对肥料释放规律的影响；试验编号10～12、16～21用于研究壳体厚度对肥料释放规律的影响；试验装置如图3-3所示设置。③降雨量的设置：南宁市平均年降雨量为1 300mm，考虑实际树林里的林冠节流、表径节流等因素把水量设置为1300mm×0.6＝780mm/年，然后以此为基准通过降雨的表面积的大小将其换算成定期的降雨量，其计算值为 $780mm/365d \times 15d/10 \times (3.14 \times 15 \times 15/4cm^2) = 566.17ml$，因为500ml的塑料大口瓶装满可以装600ml的量，为了方便人工降雨所以设置降雨量为600ml。

**表 3-1　壳体特性试验参数表**

| 试验编号 | 木材剩余物树种 | 壳体密度/g·cm$^{-3}$ | 壳体厚度/mm | 降雨量/ml |
|---|---|---|---|---|
| 1～3 | 松木 | 0.55 | 8 | 600 |
| 4～6 | 香椿木 | 0.55 | 8 | 600 |
| 7～9 | 香椿木 | 0.50 | 8 | 600 |
| 10～12 | 香椿木 | 0.55 | 8 | 600 |
| 13～15 | 香椿木 | 0.60 | 8 | 600 |
| 16～18 | 香椿木 | 0.55 | 6 | 600 |
| 19～21 | 香椿木 | 0.55 | 10 | 600 |
| 28～30(空白对比试验) | — | — | — | 600 |

图 3-3　试验装置设置图

#### 3.2.2.3　P、K 测定方法

试验每隔 15 天人工模拟降雨一次，每次降雨两天后取水样测量其体积并测定水样中 P、K 的浓度，测定 P、K 浓度的方法参考《森林土壤有效磷的测定》(中国林业科学研究院林业研究所，1987a)和《森林土壤有效钾的测定》(中国林业科学研究院林业研究所，1987b)。

P 浓度测定的方法：因为所取的水样的颜色比较浑浊所以要先进行脱色处理，其方法为：取 2ml 水样于 50ml 具塞比色管中，然后往其中加入 1ml1mol/L 硫酸，15ml 水，2 滴 1%高锰酸钾溶液，摇匀后把比色管放在电磁炉上加热到沸腾，然后立即取下加 1 滴 0.5%草酸溶液，摇匀,若还有颜色再加 1 滴然后加热至脱色。待待取液冷却下来,加 1 滴 2,4-二硝基酚指示剂,用 2mol/LNaOH 溶液及 0.5mol/L$H_2SO_4$溶液调溶液呈微黄色。然后加入 5ml 的钼锑抗显色剂,最后用水定容到标度摇匀。颜色太深时,需进行稀释处理,以免超出测量范围。大概半小时后,在分光光度计上采用 700nm 波长比色,测出吸光度值,通过工作曲线及稀释倍数换算出显色液的磷浓度。

K 浓度测定的方法:因为水样的 K 浓度很高,远远超出火焰光度计的测量范围,所以过滤后的待测液在火焰光度计测量前要进行稀释处理,然后根据测得的值及稀释倍数换算出 K 的浓度。

文中所取的水样是指第一次取样后到第二次取样时共 15d 的时间里流出的水,P、K 的总含量是指所取的水样测得的 P、K 浓度与体积的乘积的量,通过对比 P、K 的总含量变化研究壳体肥料的释放规律。

## 3.3 结果与分析

壳体特性对壳体肥料释放规律的影响包括木材剩余物类型、壳体密度和厚度对壳体肥料释放规律的影响。

### 3.3.1 木材剩余物类型对肥料释放规律的影响

木材剩余物类型对壳体肥料释放规律的影响主要通过每次取的水样的 P 及 K 总含量的变化来探讨。

#### 3.3.1.1 P 总含量的变化规律

P 总含量随着时间而变化的结果如表 3-2 所示,其变化规律如图 3-4 所示,表中的缓释效果$=\frac{\text{空白对比值}-\text{对应时间释放量}}{\text{空白对比值}}\times 100\%$,表示相对空白对比缓慢释放的百分比;释放率$=\frac{\text{研究时间范围内养分的总释放量}}{\text{装载于壳体内相应养分的总含量}}\times 100\%$,

表示养分的释放量的百分比(由$KH_2PO_4$的分子式可知,200g的磷酸二氢钾约有57.4g的K,45.6g的P)。在研究的时间范围内,P总含量的变化规律如下。①松木壳体:P总含量的变化呈现一个先变大后趋于稳定再变小的趋势,在60d的时候最大;②香椿木壳体:P总含量的变化呈现一个先变大后趋于稳定再变小的趋势;③空白对比实验中,P总含量也呈现一个先变大后趋于稳定再变小的趋势,在60d的时候值最大,60d之后的总含量有变小、变大的波动;④松木壳体的缓释效果为0.89%,香椿木壳体的则达5.27%,松木壳体的P释放基本上比香椿木的略快;⑤空白对比试验中,前105d的释放量基本比有壳体的释放量大,之后有变小的趋势,但是总的来说,空白对比实验中释放的P总含量最大,松木壳体的次之,香椿木壳体的最少,但三者的数据相差不大。

**表3-2　木材剩余物类型对壳体肥料释放规律的影响之P总含量的结果记录表**

| 时间/d | 松木壳体/mg | 香椿木壳体/mg | 空白对比/mg |
|---|---|---|---|
| 15 | 35.27 | 37.00 | 36.90 |
| 30 | 49.35 | 49.40 | 45.00 |
| 45 | 48.95 | 49.25 | 52.00 |
| 60 | 77.95 | 71.40 | 90.15 |
| 75 | 62.51 | 62.25 | 77.85 |
| 90 | 72.85 | 67.65 | 85.00 |
| 105 | 71.60 | 65.30 | 74.70 |
| 120 | 65.15 | 58.20 | 52.25 |
| 135 | 70.13 | 65.40 | 70.40 |
| 150 | 72.05 | 67.88 | 69.38 |
| 165 | 75.40 | 78.34 | 73.89 |
| 180 | 73.38 | 81.24 | 61.99 |

续表

| 时间/d | 松木壳体/mg | 香椿木壳体/mg | 空白对比/mg |
| --- | --- | --- | --- |
| 195 | 59.37 | 54.91 | 50.70 |
| 210 | 63.99 | 50.06 | 65.82 |
| 总和 | 897.96 | 858.28 | 906.03 |
| 缓释效果/% | 0.89 | 5.27 | — |
| 释放率/% | 1.97 | 1.88 | 1.99 |

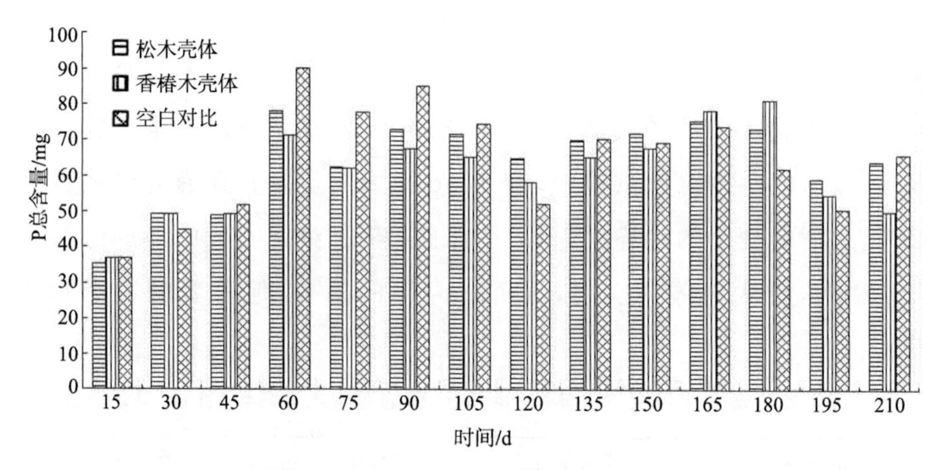


图 3-4 木材剩余物类型对壳体肥料释放规律的影响之 P 总含量的变化规律图

#### 3.3.1.2 K 总含量的变化规律

K 总含量随着时间而变化的结果如表 3-3 所示，其变化规律如图 3-5所示。在研究的时间范围内，K 总含量的变化规律如下。①松木壳体：K 总含量的变化呈现一个先较迅速增大后缓慢减小的趋势，在 90d 的时候值最大；②香椿木壳体：K 总含量的变化与松木壳体的类似，呈先增大后缓慢减小的趋势，在 90d 的时候值最大；③空白对比实验中，K 总含量呈现一个先变大后逐渐减小的趋势，在 60d 的时候值最大；④松木壳体的缓释效果为 6.93%，香椿木壳体的则达 25.52%，松木壳体的 K 释放比香椿木的快；⑤空白对比试验中，前 90d 的释放量都比有壳体的释放量大，90d 后有变小的趋势，但是总的来说，空白对比试验中释放的 K 总含量最大，松木壳体的次之，香椿木壳体的最少，三者的数据相差较大。

**表 3-3　木材剩余物类型对壳体肥料释放规律的影响之 K 总含量的结果记录表**

| 时间/d | 松木壳体/mg | 香椿木壳体/mg | 空白对比/mg |
| --- | --- | --- | --- |
| 15 | 836.46 | 755.08 | 3 153.63 |
| 30 | 2 478.88 | 1 912.29 | 4 613.58 |
| 45 | 2 765.50 | 2 134.46 | 5 387.00 |
| 60 | 5 444.25 | 3 779.38 | 9 093.92 |
| 75 | 4 867.29 | 3 999.21 | 7 501.25 |
| 90 | 6 108.13 | 4 723.29 | 7 827.08 |
| 105 | 5 034.58 | 3 342.67 | 4 579.17 |
| 120 | 4 662.29 | 3 748.13 | 4 183.13 |
| 135 | 4 447.50 | 3 437.29 | 3 043.25 |
| 150 | 3 498.38 | 2 812.50 | 2 165.63 |
| 165 | 3 983.23 | 3 076.04 | 1 860.00 |
| 180 | 2 916.04 | 2 562.08 | 1 593.75 |
| 195 | 3 402.67 | 3 499.29 | 1 235.00 |
| 210 | 2 942.29 | 2 939.48 | 1 125.00 |
| 总和 | 5 3387.48 | 42 721.19 | 57 361.38 |
| 缓释效果/% | 6.93 | 25.52 | — |
| 释放率/% | 93.01 | 74.43 | 99.93 |

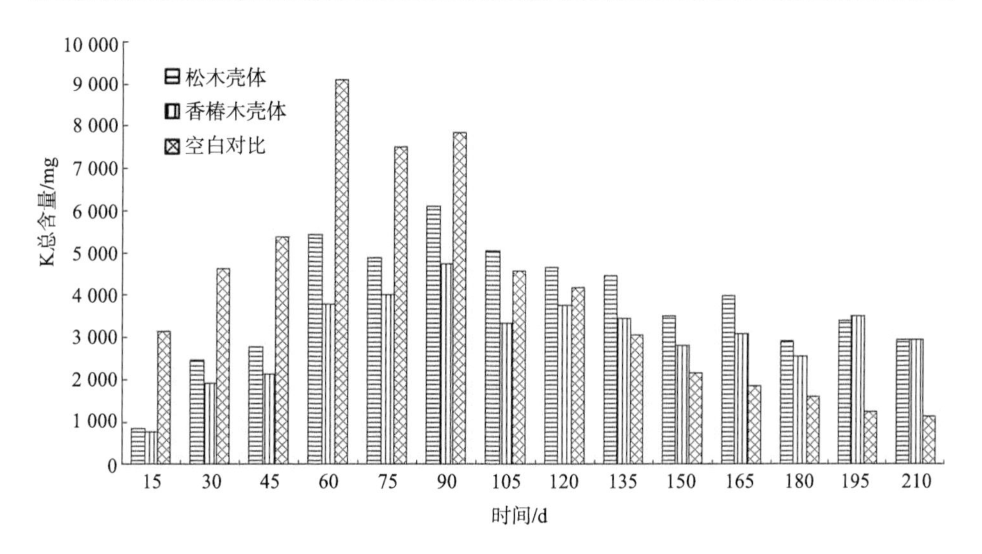


图 3-5　木材剩余物类型对壳体肥料释放规律的影响之 K 总含量的变化规律图

#### 3.3.1.3　结果分析

由以上 P 及 K 总含量的变化规律可得以下结果。

(1)每次测得的 K 总含量远大于 P 总含量,分析原因如下:①木材剩余物与磷发生了化学键交换;②石英砂对 $HPO_4^{2-}$ 或 $H_2PO_4^-$ 离子的物理化学吸附作用所致;③由 $KH_2PO_4$ 的分子式可知,同是 200g 的磷酸二氢钾约有 57.4g 的 K,45.6g 的 P,所含的 K 的总量较大,所以释放量比较大;④$KH_2PO_4$ 的结构式决定了 K 较 P 易析出;⑤有效磷的测定及速效钾测定的方法不同,有效磷较难析出,速效钾则易析出测定,所以测得的量有比较大的区别;⑥因为 K 总含量的数据比较大,所以其变化规律比较明显。

(2)松木壳体及香椿木壳体的肥料释放呈现先变大后趋于稳定或缓慢变小的趋势;而没有使用壳体的空白试验中,其初期释放量很大,之后又较迅速地减少;通过空白试验的对比可知,壳体的使用能减缓肥料的释放,具有缓释的效果;采用壳体装载的肥料的施用,能有效地避免作物初期因肥料的施用过量而导致烧苗的现象,又可保证后期肥料的供给,在有效利用肥料的同时,也减少了施肥次数,降低了劳动成本。

(3)松木壳体的释放比香椿木的快,原因分析如下:①松木及香椿木两种木材的构造不同,细胞壁上的纹孔膜塞缘上的小孔、纹孔及细胞腔等构造提供肥料水溶液渗出的通道比较多;②采用松木木材剩余物压出来的板块的强度比香椿木的小,遇水后更易膨胀变软,故释放的养分的量比较大。

(4)空白对比试验中,K 含量的总和已达 57 361.38mg,而 200g 的磷酸二氢钾约有 57.4g 的 K,空白对比试验中的磷酸二氢钾已经差不多流完,所以采用直接施肥的方法其肥效时间约为 7 个月。

### 3.3.2　壳体密度对肥料释放规律的影响

壳体密度对壳体肥料释放规律的影响主要通过每次取的水样的 P

及K总含量的变化来探讨。

#### 3.3.2.1　P总含量的变化规律

P总含量随着时间而变化的结果如表3-4所示，其变化规律如图3-6所示。在研究的时间范围内，P总含量的变化规律如下。①0.50g·cm$^{-3}$密度壳体：P总含量的变化虽然有些大小波动，但总体呈现一个先变大，30d后开始趋于稳定，195d开始变小的趋势；②0.55g·cm$^{-3}$密度壳体：P总含量的变化总体呈现一个先变大，60d后趋于稳定，195d开始变小的趋势；③0.60g·cm$^{-3}$密度壳体：P总含量的变化呈现一个先变大，60d后趋于稳定，195d开始变小的趋势；④空白对比实验中，P总含量也呈现一个先变大后趋于稳定再变小的趋势，在60d的时候值最大，60d之后的总含量有变小、变大的波动；⑤0.50g·cm$^{-3}$密度壳体的缓释效果不明显为0.31%，0.55g·cm$^{-3}$密度壳体的为6.89%，0.60g·cm$^{-3}$密度壳体的则达8.08%，对比3个密度的壳体在每个时间段所取水样测得的P总含量，总体上来说，在研究的密度范围内，密度越大，释放的P的量越小，但三者数据相差不大；⑥空白对比试验中，前120d的释放量基本比有壳体的释放量大，之后有变小的趋势，总的来说，空白对比实验中P的释放最快，0.50g·cm$^{-3}$密度壳体的次之，之后是0.55g·cm$^{-3}$密度壳体，0.60g·cm$^{-3}$密度壳体的最慢。

**表3-4　壳体密度对壳体肥料释放规律的影响之P总含量的结果记录表**

| 时间/d | 0.50g·cm$^{-3}$密度壳体/mg | 0.55g·cm$^{-3}$密度壳体/mg | 0.60g·cm$^{-3}$密度壳体/mg | 空白对比/mg |
|---|---|---|---|---|
| 15 | 37.75 | 42.33 | 31.20 | 36.90 |
| 30 | 64.42 | 42.80 | 43.95 | 45.00 |
| 45 | 57.93 | 49.20 | 48.75 | 52.00 |
| 60 | 73.85 | 73.81 | 70.95 | 90.15 |
| 75 | 66.45 | 63.33 | 67.87 | 77.85 |
| 90 | 74.15 | 70.54 | 63.15 | 85.00 |

续表

| 时间/d | 0.50g·cm⁻³密度壳体/mg | 0.55g·cm⁻³密度壳体/mg | 0.60g·cm⁻³密度壳体/mg | 空白对比/mg |
|---|---|---|---|---|
| 105 | 69.40 | 63.68 | 65.86 | 74.70 |
| 120 | 48.80 | 45.18 | 42.75 | 52.25 |
| 135 | 77.30 | 66.89 | 65.48 | 70.40 |
| 150 | 71.66 | 68.97 | 72.22 | 69.38 |
| 165 | 74.32 | 76.03 | 76.43 | 73.89 |
| 180 | 74.63 | 69.35 | 73.78 | 61.99 |
| 195 | 54.42 | 53.32 | 53.25 | 50.70 |
| 210 | 58.14 | 58.15 | 57.16 | 65.82 |
| 总和 | 903.22 | 843.58 | 832.81 | 906.03 |
| 缓释效果/% | 0.31 | 6.89 | 8.08 | — |
| 释放率/% | 1.98 | 1.85 | 1.83 | 1.99 |

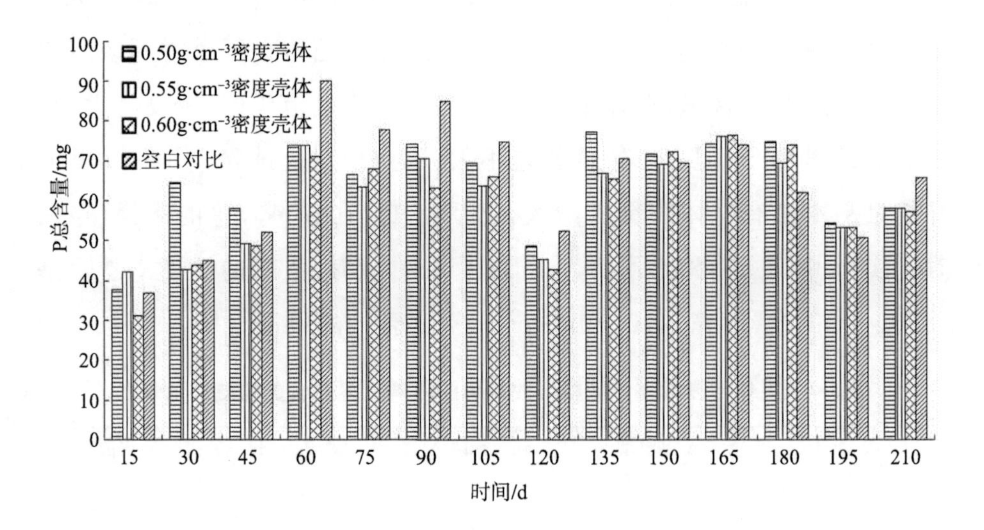


图 3-6　壳体密度对壳体肥料释放规律的影响之 P 总含量的变化规律图

### 3.3.2.2　K 总含量的变化规律

K 总含量随着时间而变化的结果如表 3-5 所示，其变化规律如图 3-7 所示。在研究的时间范围内，K 总含量的变化规律如下。①0.50g·cm$^{-3}$密度壳体：K总含量的变化呈现一个先较迅速增大后缓慢减小的趋势，在60d的时候最大；②0.55g·$cm^{-3}$密度壳体：K总含量的变化呈现一个先较迅速增大后缓慢减小的趋势，在90d的时候最大；③0.60g·$cm^{-3}$密度壳体：K总含量的变化规律也类似，呈现一个先较迅速增大后缓慢减小的趋势，在90d的时候最大；④空白对比实验中，K总含量呈现一个先变大后逐渐减小的趋势，在60d的时候值最大；⑤0.50g·$cm^{-3}$密度壳体的缓释效果为30.25%，0.55g·$cm^{-3}$密度壳体的为30.36%，0.60g·$cm^{-3}$密度壳体的则达32.09%，对比3个密度的壳体在每个时间段所取水样测得的K总含量，总体上来说，在研究的密度范围内，密度越大，释放的K的量越小，但三者数据相差不大；⑥空白对比试验中，前120d的释放量都比有壳体的释放量大得多，135d开始有变小的趋势，但是总的来说，空白对比试验中释放的K总含量最大，0.50g·$cm^{-3}$密度壳体的次之，之后是0.55g·$cm^{-3}$密度壳体，0.60g·$cm^{-3}$密度壳体的最小。

**表3-5 壳体密度对壳体肥料释放规律的影响之K总含量的结果记录表**

| 时间/d | 0.50g·$cm^{-3}$密度壳体/mg | 0.55g·$cm^{-3}$密度壳体/mg | 0.60g·$cm^{-3}$密度壳体/mg | 空白对比/mg |
|---|---|---|---|---|
| 15 | 409.00 | 663.00 | 528.17 | 3 153.63 |
| 30 | 2 080.00 | 1 425.00 | 1 400.25 | 4 613.58 |
| 45 | 2 405.00 | 2 100.00 | 1 984.50 | 5 387.00 |
| 60 | 4 731.38 | 3 971.67 | 3 562.29 | 9 093.92 |
| 75 | 3 610.63 | 3 806.25 | 3 807.71 | 7 501.25 |
| 90 | 4 239.25 | 4 271.25 | 4 431.38 | 7 827.08 |
| 105 | 3 080.00 | 3 246.25 | 3 250.00 | 4 579.17 |
| 120 | 3 055.00 | 3 071.25 | 3 172.50 | 4 183.13 |
| 135 | 2 936.04 | 3 306.67 | 3 522.29 | 3 043.25 |
| 150 | 2 520.67 | 2 747.58 | 2 802.92 | 2 165.63 |

续表

| 时间/d | 0.50g·cm⁻³密度壳体/mg | 0.55g·cm⁻³密度壳体/mg | 0.60g·cm⁻³密度壳体/mg | 空白对比/mg |
|---|---|---|---|---|
| 165 | 2 767.17 | 2 966.08 | 2 944.50 | 1 860.00 |
| 180 | 2 307.50 | 2 290.31 | 2 124.17 | 1 593.75 |
| 195 | 2 986.08 | 3 212.08 | 2 800.48 | 1 235.00 |
| 210 | 2 882.71 | 2 866.35 | 2 624.79 | 1 125.00 |
| 总和 | 40 010.42 | 39 943.75 | 38 955.94 | 57 361.38 |
| 缓释效果/% | 30.25 | 30.36 | 32.09 | — |
| 释放率/% | 69.70 | 69.59 | 67.87 | 99.93 |

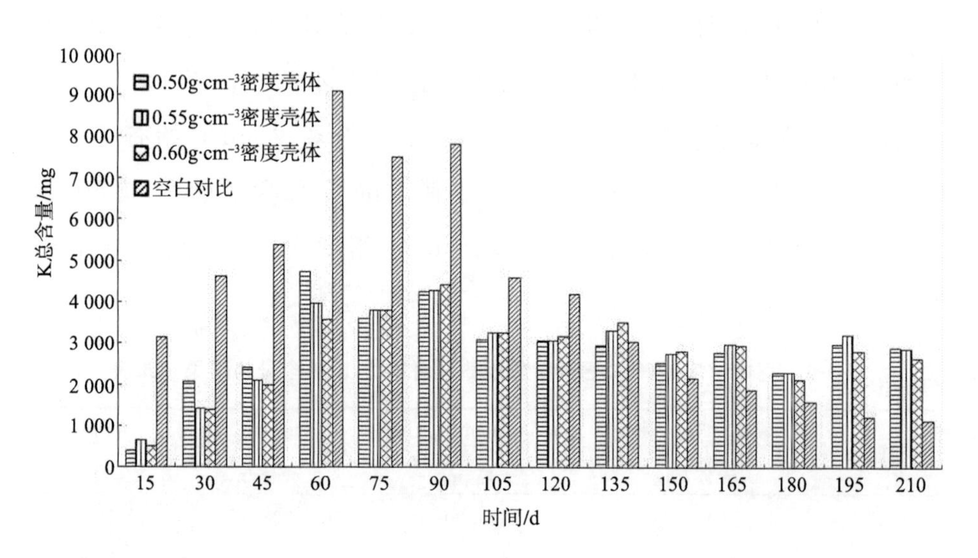


图 3-7　壳体密度对壳体肥料释放规律的影响之 K 总含量的变化规律图

#### 3.3.2.3　结果分析

由以上 P 及 K 总含量的变化规律可得以下结果：①每次测得的 K 总含量远大于 P 总含量，分析原因同 3.3.1.3 节。②不同密度的壳体的肥料释放呈现先变大后趋于稳定或缓慢变小的趋势；而没有使用壳体的空白试验中，其初期释放量很大，之后又较迅速地减少；通过空白试验的对比可知，壳体的使用能减缓肥料的释放，具有缓释的效果；采用壳体施肥作业，能有效地避免作物初期因肥料的施用过量而导致烧苗的现象，又可保证后期肥料的供给，在有效利用肥料的同时，也减少了肥料的施肥次数，降低了劳动成本。③在研究的密度范围内，密度越大，释放的速度越慢，测得的 P 及 K 的量越小；密度越大的壳体越密实，遇水后，其降解速度较密度小的壳体的慢，提供给肥料水溶液渗出的通道较少，故测得的 P 及 K 的量较小。

### 3.3.3　壳体厚度对肥料释放规律的影响

壳体厚度对壳体肥料释放规律的影响主要通过每次取的水样的 P 及 K 总含量的变化来探讨。

#### 3.3.3.1　P 总含量的变化规律

P 总含量随着时间而变化的结果如表 3-6 所示，其变化规律如图 3-8 所示。在研究的时间范围内，P 总含量的变化规律如下。①6mm 厚度壳体：P 总含量的变化虽然有些大小波动，但总体呈现一个先变大，60d 后开始趋于稳定或缓慢减小的趋势；②8mm 厚度壳体：P 总含量的变化总体呈现一个先变大，60d 后趋于稳定或缓慢减小的趋势；③10mm厚度壳体：P 总含量的变化呈现一个先变大，60d 后趋于稳定或缓慢减小的趋势；④空白对比实验中，P 总含量也呈现一个先变大后趋于稳定的趋势，在 60d 的时候值最大，60d 之后的总含量有变小、变大的波动；⑤6mm厚度壳体的缓释效果为 3.33%，8mm 厚度壳体的为 6.89%，10mm 厚度壳体的已达 8.42%，对比 3 个厚度的壳体在每个时间段所取水样测得的 P 总含量，总体上来说，在研究的厚度范围内，厚度越大，释放的 P 的量越小，但三者数据相差不大；⑥空白对比试验中，前 105d 的释放量基本比有壳体的释放量大，之后有变小的趋势，总的来说，空白对比实验中 P 的释放最快，6mm 厚度壳体的次之，之后是 8mm 厚度壳体，10mm 厚度壳体的最慢。

**表 3 6 壳体厚度对壳体肥料释放规律的影响之 P 总含量的结果记录表**

| 时间/d | 6mm 厚度壳体/mg | 8mm 厚度壳体/mg | 10mm 厚度壳体/mg | 空白对比/mg |
|---|---|---|---|---|
| 15 | 31.40 | 42.33 | 24.40 | 36.90 |
| 30 | 43.90 | 42.80 | 35.90 | 45.00 |
| 45 | 44.30 | 49.20 | 44.70 | 52.00 |
| 60 | 73.65 | 73.81 | 67.55 | 90.15 |
| 75 | 76.35 | 63.33 | 65.55 | 77.85 |
| 90 | 80.15 | 70.54 | 68.25 | 85.00 |
| 105 | 73.60 | 63.68 | 65.20 | 74.70 |
| 120 | 57.55 | 45.18 | 46.80 | 52.25 |
| 135 | 70.08 | 66.89 | 68.37 | 70.40 |
| 150 | 65.11 | 68.97 | 72.58 | 69.38 |
| 165 | 77.14 | 76.03 | 77.88 | 73.89 |
| 180 | 67.96 | 69.35 | 70.51 | 61.99 |
| 195 | 55.00 | 53.32 | 58.52 | 50.70 |
| 210 | 59.66 | 58.15 | 63.56 | 65.82 |
| 总和 | 875.85 | 843.58 | 829.77 | 906.03 |
| 缓释效果/% | 3.33 | 6.89 | 8.42 | — |
| 释放率/% | 1.92 | 1.85 | 1.82 | 1.99 |

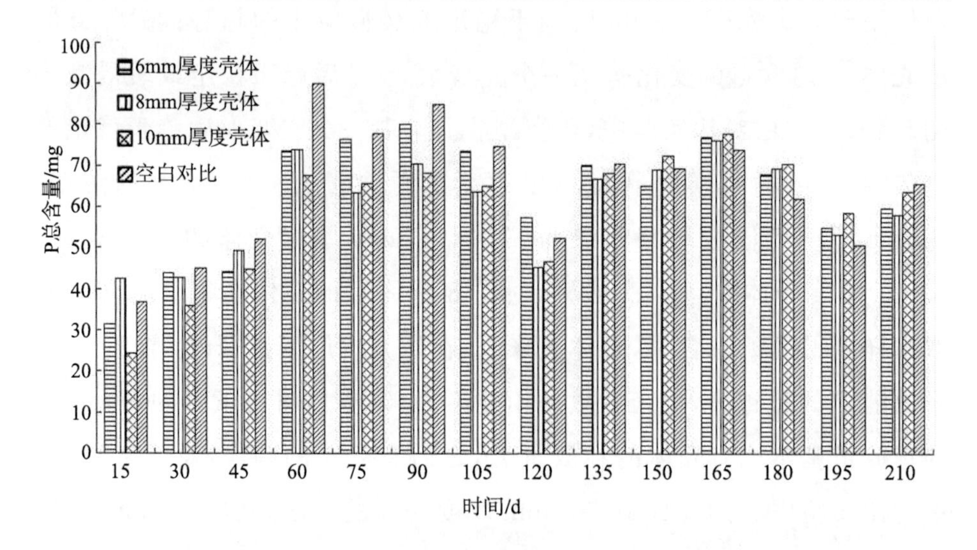


图 3-8 壳体厚度对壳体肥料释放规律的影响之 P 总含量的变化规律图

#### 3.3.3.2　K 总含量的变化规律

K 总含量随着时间而变化的结果如表 3-7 所示，其变化规律如图 3-9 所示。在研究的时间范围内，K 总含量的变化规律如下。①6mm 厚度壳体：K 总含量的变化呈现一个先较迅速增大后缓慢减小的趋势，在 90d 的时候最大；②8mm 厚度壳体：K 总含量的变化呈现一个先较迅速增大后缓慢减小的趋势，在 90d 的时候最大；③10mm厚度壳体：K 总含量的变化规律也类似，呈现一个先较迅速增大后缓慢减小的趋势，在 90d 的时候最大；④空白对比实验中，K 总含量呈现一个先变大后逐渐减小的趋势，在 60d 的时候值最大；⑤6mm 厚度壳体的缓释效果为 26.30%，8mm 厚度壳体的为 30.36%，10mm 厚度壳体的已达 35.24%，对比 3 个厚度的壳体在每个时间段所取水样测得的 K 总含量，总体上来说，在研究的厚度范围内，厚度越大，释放的 K 的量越小；⑥空白对比试验中，前 120d 的释放量都比有壳体的释放量大得多，135d 开始有变小的趋势，但是总的来说，空白对比试验中释放的 K 总含量最大，6mm 厚度壳体的次之，之后是 8mm 厚度壳体，10mm 厚度壳体的最小。

**表 3-7　壳体厚度对壳体肥料释放规律的影响之 K 总含量的结果记录表**

| 时间/d | 6mm 厚度壳体/mg | 8mm 厚度壳体/mg | 10mm 厚度壳体/mg | 空白对比/mg |
|---|---|---|---|---|
| 15 | 567.50 | 663.00 | 183.33 | 3 153.63 |
| 30 | 1 684.75 | 1 425.00 | 1 038.42 | 4 613.58 |
| 45 | 2 026.58 | 2 100.00 | 1 599.92 | 5 387.00 |
| 60 | 4 042.42 | 3 971.67 | 2 862.04 | 9 093.92 |
| 75 | 3 901.71 | 3 806.25 | 3 057.42 | 7 501.25 |
| 90 | 5 461.50 | 4 271.25 | 4 108.29 | 7 827.08 |
| 105 | 3 765.21 | 3 246.25 | 3 340.42 | 4 579.17 |
| 120 | 3 732.54 | 3 071.25 | 3 538.42 | 4 183.13 |
| 135 | 3 589.75 | 3 306.67 | 3 236.46 | 3 043.25 |
| 150 | 2 711.17 | 2 747.58 | 2 616.75 | 2 165.63 |
| 165 | 2 927.81 | 2 966.08 | 3 062.58 | 1 860.00 |

续表

| 时间/d | 6mm厚度壳体/mg | 8mm厚度壳体/mg | 10mm厚度壳体/mg | 空白对比/mg |
| --- | --- | --- | --- | --- |
| 180 | 2 113.33 | 2 290.31 | 2 376.71 | 1 593.75 |
| 195 | 3 163.94 | 3 212.08 | 3 252.52 | 1 235.00 |
| 210 | 2 588.96 | 2 866.35 | 2 873.44 | 1 125.00 |
| 总和 | 42 277.17 | 39 943.75 | 37 146.71 | 57 361.38 |
| 缓释效果/% | 26.30 | 30.36 | 35.24 | — |
| 释放率/% | 73.65 | 69.59 | 64.72 | 99.93 |

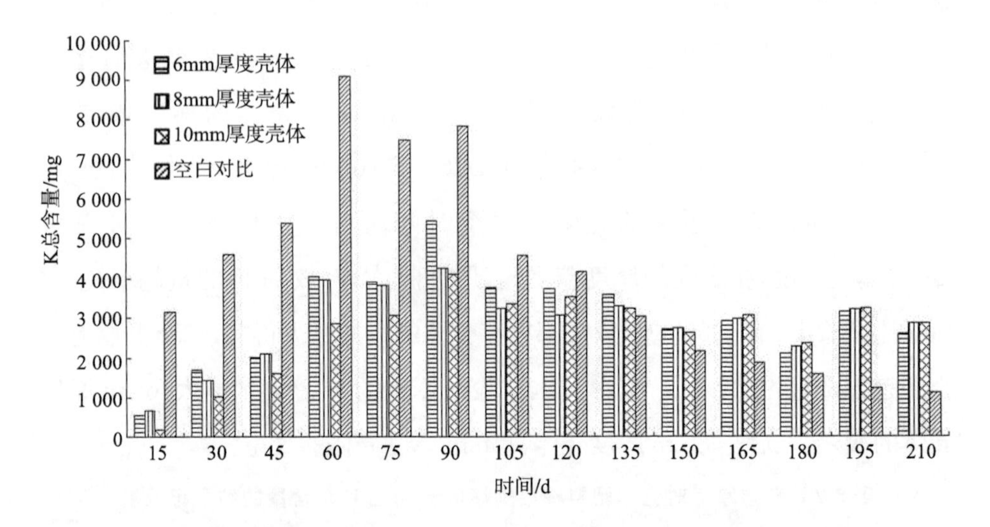


图 3-9 壳体厚度对壳体肥料释放规律的影响之K总含量的变化规律图

#### 3.3.3.3 结果分析

由以上P及K总含量的变化规律可得以下结果：①每次测得的K总含量远大于P总含量，分析原因同3.3.1.3节；②不同厚度的壳体的肥料释放呈现先变大后趋于稳定或缓慢变小的趋势；而没有使用壳体的空白试验中，其初期释放量很大，之后又较迅速地减少；通过空白试验的对比可知，壳体的使用能减缓肥料的释放，具有缓释的效果；采用壳体装载的肥料的施用，能有效地避免作物初期因肥料的施用过量而导致烧苗的现象，又可保证后期肥料的供给，在有效利用肥料的同时，也减少了肥料的施肥次数，降低了劳动成本；③在研究的厚度范围内，厚度越大，释放的速度越慢，测得的 P 及 K 的量越小；厚度越大的壳体，遇水后，其降解速度较厚度小的壳体的慢，肥料水溶液越难通过壳体渗出，故测得的 P 及 K 的量较小。

## 3.4 小　结

(1)采用木材剩余物和木材胶黏剂，通过二次成型的方法制备了木材剩余物缓释肥料壳体，该壳体呈立方体形状，可供林木、花卉等植物施肥作业。

(2)壳体特性对壳体肥料释放影响呈现的规律：①松木壳体的释放比香椿木的快；②在研究的密度范围内，密度越大，释放的速度越慢，测得的 P 及 K 的量越小；③在研究的厚度范围内，厚度越大，释放的速度越慢，测得的 P 及 K 的量越小。

(3)使用壳体的肥料释放呈现先变大后趋于稳定或缓慢变小的趋势；而没有使用壳体的空白试验中，其初期释放量很大，之后又较迅速地减少；通过空白试验的对比可知，壳体的使用能减缓肥料的释放，具有缓释的效果；采用壳体的装载的肥料的施用，能有效地避免作物初期因肥料的施用过量而导致烧苗的现象，又可保证后期肥料的供给，在有效利用肥料的同时，也减少了肥料的施肥次数，降低了劳动成本。

(4)空白对比试验中，K 含量的总和已达 57 361.38mg，而 200g 的磷酸二氢钾约有 57.4g 的 K，空白对比试验中的磷酸二氢钾已经差不多流完，所以采用直接施肥的方法其肥效时间约为 7 个月，实际林木施肥时，肥料的流失量比较大，预计其肥效时间更短。

(5)优化壳体制造工艺：①每次测得的 K 总含量远大于 P 总含量，因为 K 总含量的数据比较大，所以其变化规律比较明显，以 K 的缓释效果作比较，松木壳体的缓释效果为6.93%，香椿木壳体的为25.52%，0.50g·$cm^{-3}$密度壳体的缓释效果为30.25%，0.55g·$cm^{-3}$密度壳体的为30.36%，0.60g·$cm^{-3}$密度壳体的为32.09%，6mm厚度壳体的缓释效果为26.30%，8mm厚度壳体的为30.36%，10mm厚度壳体的为35.24%。②松木及香椿木的缓释效果相差很大；0.50～0.60g·$cm^{-3}$密度壳体的缓释效果相差不大；6～10mm厚度壳体的缓释效果相差较大。③综合起来考虑，壳体的制造工艺可以优化为：采用14～28目规格的香椿木木材剩余物进行压制板块，板块的密度为0.55g·$cm^{-3}$，厚度为8mm，缓释效果约为30%，实际林木施肥时，因为壳体的保护作用，没有产生像直接施肥一样较大的流失，预计其缓释效果相对更好。

# 第4章　环境水分、温度对壳体肥料释放速度的影响

## 4.1　引　　言

缓释肥料对农林作物施肥作用时，其释放特性不仅与缓释肥料本身的特性有关，还与土壤的水分、温度、土壤微生物的活性等环境因素息息相关。国内郑圣先等（2002a，2002b）从温度、土壤水分、水蒸气压等因素对包膜型控释肥料的养分释放规律的影响进行了一系列的报道，发现它们对肥料的释放特性有着显著的影响关系。研究表明包膜控释肥料的释放速度由膜内外的水蒸气的压力差决定，而水蒸气压差又随着温度的升高而变大，所以在水分充足的水田中，决定缓释肥料的养分释放速度的主要因素是温度，而在土壤中水分少的林地中，缓释肥料的释放速度与水分的含量成正相关的关系。

本研究中的木材剩余物缓释肥料壳体的肥料释放速度除了与第2章所述的壳体特性相关之外，环境中的水分及温度等因素也会对其释放速度有影响。本章采用单因素分析法研究水分及温度对壳体肥料释放速度的影响，以此为指导实际林木施肥作业及制备控释肥料的壳体提供理论依据。

## 4.2 材料与方法

### 4.2.1 材料

#### 4.2.1.1 实验材料

本试验中所使用的材料主要有：①木材剩余物。其处理方法与3.2.1.1节所述的相同。②胶黏剂。本实验使用的胶黏剂是脲醛胶，直接从工厂购买，脲醛胶固体含量为53%，固化温度105～125℃。③其他，如塑料大桶、塑料小桶、石英砂、塑料小口瓶(500ml，200ml)、塑料大口瓶(500ml，200ml)、保鲜膜、软管、PVC硬管等。

#### 4.2.1.2 主要仪器

本试验中所使用的仪器主要有：①搅拌机(嘉鹏牌和面机，DWD-268型)；②平板硫化机(XLB100-D，浙江双力集团湖州星力橡胶机械制造公司)；③精密推台锯(MJ263$C_1$-28/45，山东东维木工机械有限公司)；④分光光度计；⑤火焰光度计；⑥生化培养箱(250B，金坛市医疗仪器厂)；⑦其他，如热熔枪(热熔胶)、电子天平、含水率测定仪、钢尺、容量瓶(50ml，100ml)、移液枪、移液管、电磁炉、烧杯、量筒、漏斗(滤纸)、玻璃棒等。

#### 4.2.1.3 主要化学试剂

本试验中所使用的化学试剂主要有：磷酸二氢钾、浓硫酸(分析纯，密度1.84g/ml)、高锰酸钾、草酸、二硝基酚、乙醇、氢氧化钠、钼酸铵[$(NH_4)_6Mo_7O_{24} \cdot 4H_2O$，分析纯]、酒石酸锑钾($KSbOC_4H_4O_6 \cdot 1/2H_2O$，分析纯)、抗坏血酸($C_6H_8O_6$，左旋，旋光度+21°～+22°，分析纯)、氯化钾、乙酸铵、蒸馏水等。

## 4.2.2　方法

### 4.2.2.1　壳体的制造方法

壳体的制造方法可参照前面3.2.2.1节，壳体的容量规格为6cm×6cm×6cm。

### 4.2.2.2　水分对壳体肥料释放速度影响的方法

(1)试验装置。此部分试验在广西大学林学院苗圃的温棚室内进行。首先在大桶中放置10cm深的石英砂，然后将装有磷酸二氢钾的壳体放在中心位置，最后用石英砂将壳体填埋直至填满大桶。用500ml塑料小口瓶盛蒸馏水匀速地对石英砂表面的中间位置进行滴水，水透过石英砂渗入壳体里的肥料，肥料因溶于水而随着水一起向外渗透，通过大桶侧边钻的孔经过软管及PVC硬管后流入一个500ml塑料大口瓶中，实验中的大桶及接水样的塑料大口瓶都用保鲜膜密封，以防水分的蒸发。

(2)每种处理方法设置3个重复实验，此部分实验共有12个试验，编号为10～12，22～30，其中编号28～30为空白对比实验，没有埋壳体，只放入200g磷酸二氢钾。每个试验的相应参数如表4-1所示，其中壳体采用的是规格为14～28目规格的木材剩余物。

**表4-1　水分试验参数表**

| 试验编号 | 木材剩余物树种 | 壳体密度/g. cm$^{-3}$ | 壳体厚度/mm | 降雨量/ml |
|---|---|---|---|---|
| 10～12 | 香椿木 | 0.55 | 8 | 600 |
| 22～24 | 香椿木 | 0.55 | 8 | 400 |
| 25～27 | 香椿木 | 0.55 | 8 | 800 |
| 28～30(空白对比试验) | — | — | — | 600 |

(3)降雨量的设置：参考3.2.2.2节人工模拟降雨方法设置的600ml降雨量，将小的降雨量设置为400ml，大的降雨量为800ml。

#### 4.2.2.3 温度对壳体肥料释放速度影响的方法

此部分试验在生化培养箱中进行，生化培养箱放置于广西大学林学院 212 实验室。其方法为：小桶中先放置 4cm 深的石英砂，壳体表面距石英砂表面约 4cm，用针将塑料小口瓶的底部中间及瓶盖扎个小孔，然后倒置进行滴水，用 200ml 的塑料小口瓶进行接水。设置的温度为 10℃、20℃、30℃3 个梯度，每种处理方法设置 4 个重复实验，此部分实验共有 12 个试验，编号为 31～42，每个试验的相应参数如表 4-2 所示，其试验装置如图 4-1 所示设置。

表 4-2 温度试验参数表

| 试验编号 | 木材剩余物树种 | 壳体密度/$g \cdot cm^{-3}$ | 壳体厚度/mm | 降雨量/ml | 温度/℃ |
|---|---|---|---|---|---|
| 31～34 | 香椿木 | 0.55 | 8 | 500 | 10 |
| 35～38 | 香椿木 | 0.55 | 8 | 500 | 20 |
| 39～42 | 香椿木 | 0.55 | 8 | 500 | 30 |

图 4-1 试验装置设置图

#### 4.2.2.4 P、K 测定方法

环境水分及温度试验都是每隔 15 天降雨一次，每次降雨 2 天后取水样测量其体积并测定水样中 P、K 的浓度，测定 P、K 浓度的方法参考 3.2.2.3 节。

# 4.3　结果与分析

## 4.3.1　水分对壳体肥料释放速度的影响

水分对壳体肥料释放规律的影响主要通过每次取的水样的P及K总含量的变化来探讨。

### 4.3.1.1　P总含量的变化规律

P总含量随着时间而变化的结果如表4-3所示，其变化规律如图4-2所示。在研究的时间范围内，①400ml降雨量时，P总含量的变化虽然有些大小波动，但总体呈现一个先变大后趋于稳定的趋势，在60d时最大；②600ml降雨量时，P总含量的变化虽然有些大小波动，但总体呈现一个先变大，60d后开始趋于稳定的趋势；③800ml降雨量时，P总含量的变化波动比较大，总体呈现一个先变大，后略微减小的趋势，90d后有变小、变大的波动；④对比在3个降雨量下，壳体在每个时间段所取水样测得的P总含量，降雨的量越大，壳体释放的P的量越大，三者数据相差明显。

表4-3　水分对壳体肥料释放速度的影响之P总含量的结果记录表

| 时间/d | 400ml降雨量 | 600ml降雨量 | 800ml降雨量 |
|---|---|---|---|
| 15 | 16.25 | 42.35 | 44.85 |
| 30 | 34.15 | 42.80 | 72.05 |
| 45 | 36.15 | 49.20 | 72.30 |
| 60 | 58.95 | 73.80 | 80.30 |
| 75 | 43.65 | 63.35 | 77.00 |
| 90 | 43.80 | 70.55 | 110.95 |
| 105 | 49.35 | 63.70 | 88.15 |
| 120 | 33.05 | 45.20 | 64.70 |

续表

| 时间/d | 400ml 降雨量 | 600ml 降雨量 | 800ml 降雨量 |
| --- | --- | --- | --- |
| 135 | 40.20 | 66.89 | 106.56 |
| 150 | 49.45 | 68.97 | 99.11 |
| 165 | 54.27 | 76.03 | 112.75 |
| 180 | 45.43 | 69.35 | 79.07 |
| 195 | 44.05 | 53.32 | 60.49 |
| 210 | 42.98 | 58.15 | 101.30 |
| 总和/mg | 591.73 | 843.66 | 1169.57 |
| 释放率/% | 1.30 | 1.85 | 2.56 |

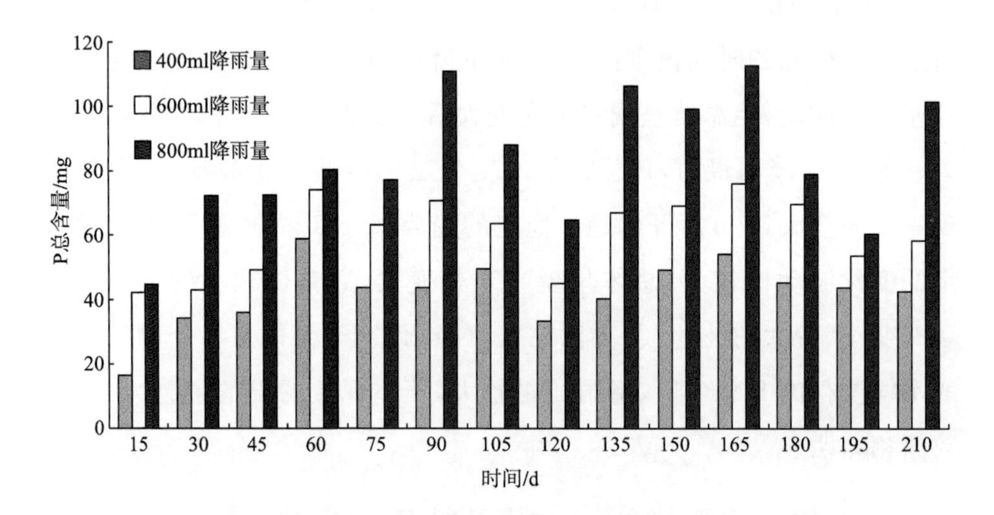


图 4-2　水分对壳体肥料释放速度的影响之 P 总含量的变化规律图

#### 4.3.1.2　K 总含量的变化规律

K 总含量随着时间而变化的结果如表 4-4 所示，其变化规律如图 4-3 所示。在研究的时间范围内，①400ml 降雨量时，K 总含量的变化呈现一个先变大后缓慢减小的趋势，90d 时基本达到最大值；②600ml 降雨量时，K 总含量的变化呈现一个先变大后缓慢减小的趋势，在 90d 时最大；③800ml 降雨量时，K 总含量的变化呈现一个先变大后逐渐减小的趋势，90d 时达到最大值；④对比在 3 个降雨量下，壳体在每个时间段所取水样测得的 K 总含量，前 135d 降雨的量越大，壳体释放的 P 的量越大，135d 之后规律有些变动。

**表 4-4　水分对壳体肥料释放速度的影响之 K 总含量的结果记录表**

| 时间/d | 400ml 降雨量 | 600ml 降雨量 | 800ml 降雨量 |
| --- | --- | --- | --- |
| 15 | 230.50 | 663.00 | 1 023.83 |
| 30 | 979.58 | 1 425.00 | 2 562.29 |
| 45 | 1 277.58 | 2 100.00 | 3 146.71 |
| 60 | 2 657.67 | 3 971.67 | 4 056.25 |
| 75 | 2 270.83 | 3 806.25 | 4 064.00 |
| 90 | 2 899.67 | 4 271.25 | 5 995.08 |
| 105 | 2 606.67 | 3 246.25 | 3 727.50 |
| 120 | 2 474.92 | 3 071.25 | 3 570.63 |
| 135 | 2 417.50 | 3 306.67 | 4 321.67 |
| 150 | 2 453.29 | 2 747.58 | 2 532.25 |
| 165 | 3 026.63 | 2 966.08 | 2 644.50 |
| 180 | 1 971.25 | 2 290.31 | 1 841.15 |
| 195 | 3 226.17 | 3 212.08 | 2 329.27 |
| 210 | 2 476.98 | 2 866.35 | 2 620.00 |
| 总和/mg | 30 969.23 | 39 943.75 | 44 435.13 |
| 释放率/% | 53.95 | 69.59 | 77.41 |

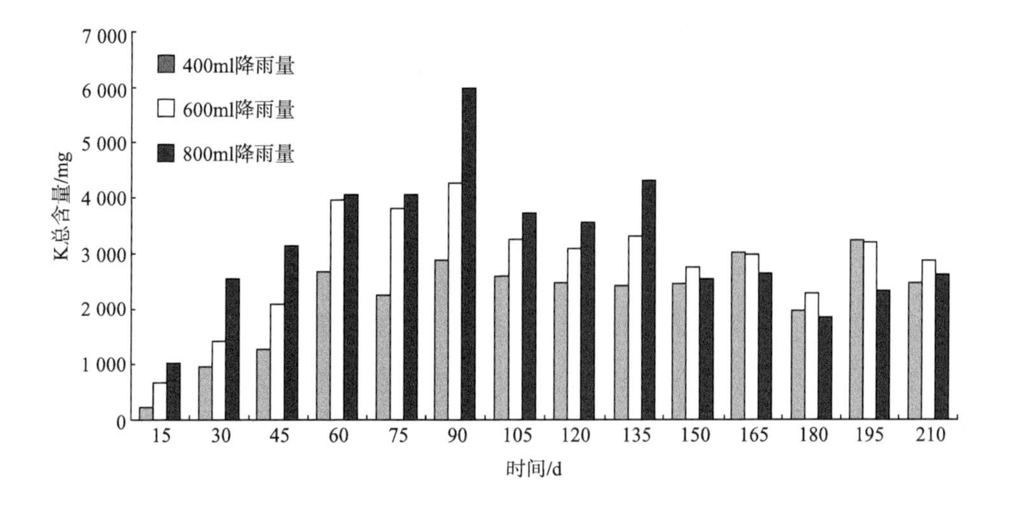


图 4-3　水分对壳体肥料释放速度的影响之 K 总含量的变化规律图

#### 4.3.1.3 结果分析

由以上P及K总含量的变化规律可得以下结果：①每次测得的K总含量远大于P总含量，分析原因同3.3.1.3节。②在设置的3个不同降雨量下，壳体的肥料P、K养分释放都呈现先变大后变小的趋势，且降雨量越大其变化的速度越大；降雨量越大，初期肥料水溶液渗出壳体的体积及浓度越大，则测得的P及K的量越大；后期浓度较小，故P及K的总含量较迅速地减小。③降雨量为600ml时P总含量的总和为843.66mg，K总含量的总和为39 943.75mg，空白试验中P为906.03mg，K为57 361.38mg，壳体的使用能减缓肥料的释放，具有缓释的效果；采用壳体的装载的肥料的施用，能有效地避免作物初期因肥料的施用过量而导致烧苗的现象，又可保证后期肥料的供给，在有效利用肥料的同时，也减少了肥料的施肥次数，降低了劳动成本。

### 4.3.2 温度对壳体肥料释放速度的影响

温度对壳体肥料释放规律的影响主要通过每次取的水样的P及K总含量的变化来探讨。

#### 4.3.2.1 P总含量的变化规律

P总含量随着时间而变化的结果如表4-5所示，其变化规律如图4-4所示。在研究的时间范围内，①10℃温度下，壳体释放的P总含量先变大，30d开始基本趋于稳定，135d开始有变大的趋势；②20℃温度下，壳体释放的P总含量先变大，30d开始基本趋于稳定，135d开始变大，165d开始又有下降的趋势；③30℃温度下，壳体释放的P总含量先变大，45d开始趋于稳定，90d开始有下降的趋势；④对比在3个温度下，壳体在每个时间段所取水样测得的P总含量，前120d都呈现温度越大，P总含量越大的规律，之后10℃温度下壳体释放的P总含量有上升的趋势，30℃温度下壳体释放的P总含量有下降的趋势。

表 4-5 温度对壳体肥料释放规律的影响之 P 总含量的结果记录表

| 时间/d | 10℃ | 20℃ | 30℃ |
|---|---|---|---|
| 15 | 3.75 | 16.60 | 16.60 |
| 30 | 17.96 | 22.02 | 22.99 |
| 45 | 16.32 | 22.54 | 30.25 |
| 60 | 19.85 | 20.24 | 29.20 |
| 75 | 22.34 | 26.43 | 29.30 |
| 90 | 15.28 | 19.55 | 23.47 |
| 105 | 17.95 | 23.24 | 23.55 |
| 120 | 14.35 | 15.71 | 16.39 |
| 135 | 21.32 | 27.09 | 10.16 |
| 150 | 34.82 | 41.04 | 11.14 |
| 165 | 48.08 | 10.48 | 10.94 |
| 180 | 47.28 | 6.33 | 20.61 |
| 总和/mg | 279.30 | 251.28 | 244.60 |
| 释放率/% | 0.61 | 0.55 | 0.54 |

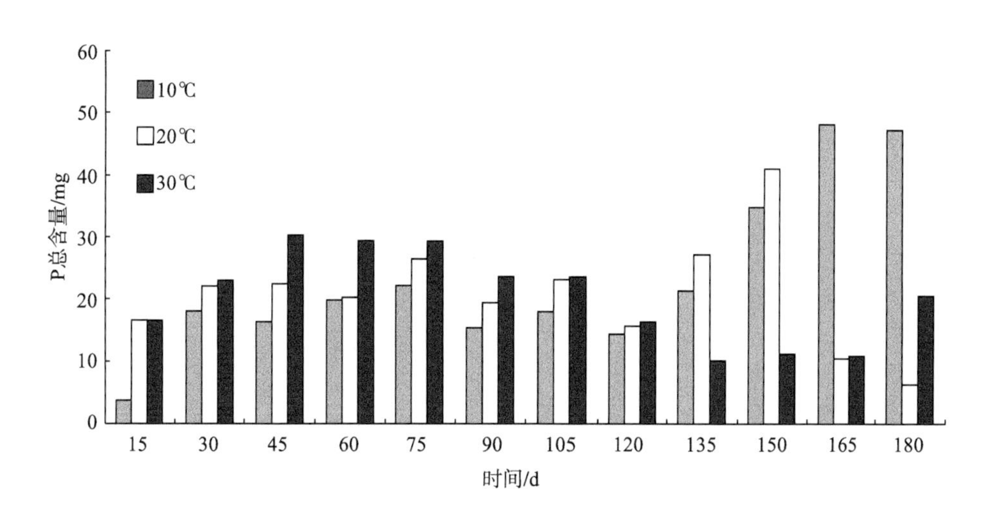


图 4-4 温度对壳体肥料释放规律的影响之 P 总含量的变化规律图

#### 4.3.2.2　K总含量的变化规律

K总含量随着时间而变化的结果如表4-6所示，其变化规律如图4-5所示。在研究的时间范围内，①10℃温度下，壳体释放的K总含量先变大，30d开始基本趋于稳定，135d开始有变大的趋势；②20℃温度下，壳体释放的K总含量先变大，30d开始基本趋于稳定，165d开始呈较快下降的趋势；③30℃温度下，壳体释放的K总含量先变大，45d开始趋于稳定，120d开始有下降的趋势；④对比在3个温度下，壳体在每个时间段所取水样测得的K总含量，前120d基本呈现温度越大，K总含量越大的规律，之后10℃温度下壳体释放的K总含量有上升的趋势，30℃温度下壳体释放的K总含量有下降的趋势。

**表4-6　温度对壳体肥料释放规律的影响之K总含量的结果记录表**

| 时间/d | 10℃ | 20℃ | 30℃ |
| --- | --- | --- | --- |
| 15 | 6.71 | 25.50 | 105.40 |
| 30 | 1 830.88 | 2 714.25 | 3 191.25 |
| 45 | 1 901.08 | 4 092.00 | 6 076.78 |
| 60 | 2 992.50 | 3 813.00 | 5 854.38 |
| 75 | 2 632.13 | 4 631.00 | 5 583.38 |
| 90 | 2 185.38 | 5 183.38 | 4 818.00 |
| 105 | 1 800.00 | 4 889.50 | 5 207.00 |
| 120 | 1 987.50 | 3 145.00 | 4 030.00 |
| 135 | 3 726.81 | 4 981.00 | 2 073.50 |
| 150 | 6 145.88 | 5 944.69 | 2 157.25 |
| 165 | 9 534.94 | 1 705.88 | 1 954.69 |
| 180 | 8 331.88 | 944.25 | 3 194.75 |
| 总和/mg | 43 075.66 | 42 069.43 | 44 246.36 |
| 释放率/% | 75.04 | 73.29 | 77.08 |

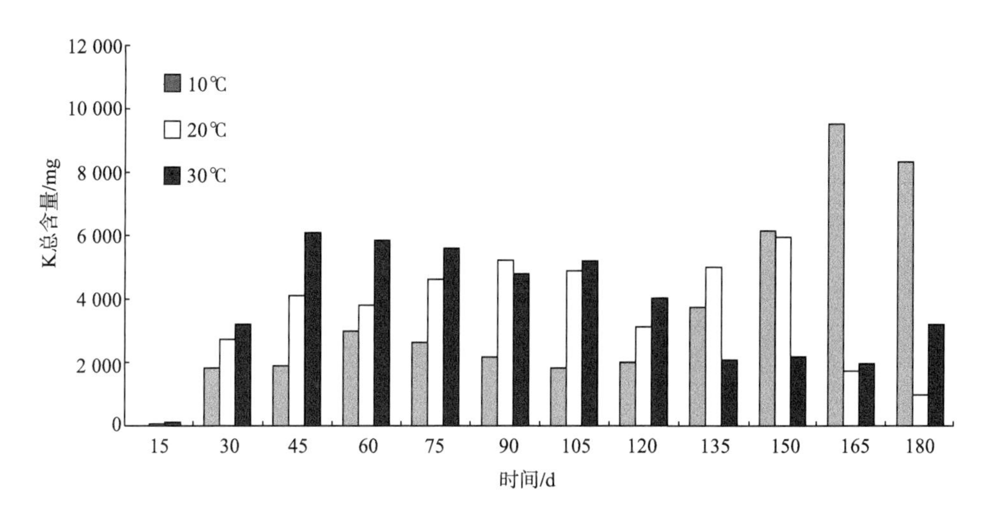


图 4-5　温度对壳体肥料释放规律的影响之 K 总含量的变化规律图

#### 4.3.2.3　结果分析

由以上 P 及 K 总含量的变化规律可得以下结果。①每次测得的 K 总含量远大于 P 总含量,分析原因同 3.3.1.3 节。②在研究的温度范围内,壳体在前期的释放呈现温度越高,释放速度越快的规律;其原因为:在温度越高的环境下,分子运动速度加快,肥料水溶液渗出的速度也较快。后期 10℃温度下壳体释放的 P 及 K 总含量有上升的趋势,而 30℃温度下壳体释放的 P 及 K 总含量反而有下降的趋势;原因分析:为了使埋在石英砂里面的壳体的温度维持培养箱设置的温度,所以装埋壳体的小桶没有用保鲜膜进行密封。在后期试验时,因为是冬季,气温比较低,人工模拟降水在 30℃的培养箱中更易蒸发,所以取的水样的体积比较小,使得最后算出的养分总含量的值比较小,10℃培养箱内的则反之,比较大。

## 4.4 小　　结

本章主要是研究环境中水分及温度因素对壳体肥料释放速度的影响，主要结论如下。

(1)水分对壳体肥料释放影响呈现的规律：在设置的三个降雨量下，壳体的肥料P、K养分释放呈现先变大后变小的趋势，且降雨量越大其变化的速度越快。

(2)在研究的温度范围内，壳体在前期的释放呈现温度越高，释放速度越快的规律；后期10℃温度下壳体释放的P及K总含量有上升的趋势，而30℃温度下壳体释放的P及K总含量反而有下降的趋势。

(3)温度的变化影响壳体肥料的释放，结合壳体特性、水分对肥料释放影响的试验，壳体在前期释放较快可能与夏季环境温度较高有关，后期的释放量减小则与冬季环境温度较低有关。所以在实际林木施肥作业时，可根据气候的变化及作物的生长需求适时追肥，同时也为控释壳体的制备提供理论依据。

# 第5章　壳体的肥料释放路径研究

## 5.1　引　　言

前面采用人工模拟降雨法从养分总含量的变化规律上研究壳体特性、水分及温度对壳体肥料释放规律的影响，本章则采用亚甲基蓝扩散法来研究壳体的肥料释放路径，主要是将制成的松木及香椿木两种壳体装载石英砂与亚甲基蓝的混合物，每次降雨后，通过取水样测量其体积并测定水样中亚甲基蓝的浓度，然后对比亚甲基蓝的总含量研究肥料壳体的释放规律；通过拍取照片的方式定期观察亚甲基蓝颜色及路径的变化，在宏观上观察壳体肥料的释放规律，为指导实际林木施肥作业提供理论的依据。

## 5.2　材料与方法

### 5.2.1　材料

#### 5.2.1.1　材料

本试验中所使用的材料主要有：①木材剩余物。其处理方法与3.2.1.1节所述的相同。②胶黏剂。本实验使用的胶黏剂是脲醛胶，直接从工厂购买，脲醛胶固体含量为53%，固化温度105～125℃。③其他，如塑料大桶、石英砂、塑料小口瓶(500ml)、塑料大口瓶

(500ml)、保鲜膜、软管、PVC 硬管等。

#### 5.2.1.2　主要仪器

本试验中所使用的仪器主要有：①搅拌机（嘉鹏牌和面机，DWD-268 型）；②平板硫化机（XLB100-D，浙江双力集团湖州星力橡胶机械制造公司）；③精密推台锯（$MJ263C_1$-28/45，山东东维木工机械有限公司）；④分光光度计；⑤其他，如热熔枪（热熔胶）、电子天平、含水率测定仪、钢尺等。

#### 5.2.1.3　主要化学试剂

本试验中所使用的化学试剂主要有：亚甲基蓝、蒸馏水等。

### 5.2.2　方法

#### 5.2.2.1　壳体的制造方法

壳体的制造方法可参照前面 3.2.2.1 节。采用的松木及香椿木两种木材剩余物，木材剩余物规格均为 14～28 目，脲醛胶与木材剩余物的质量比例为 1∶6，木材剩余物与胶黏剂混合物质量为 850g，压板时间为 7min，压力为 1.4～2.1MPa，热压温度为 130℃，壳体的容量为 5cm×5cm×5cm。将亚甲基蓝与石英砂按质量比例为 1∶200 混合均匀（石英砂主要起吸附亚甲基蓝的作用），然后将制成的壳体每个装载 150g 亚甲基蓝混合物，用来研究壳体肥料释放路径。

#### 5.2.2.2　壳体的肥料释放路径研究方法

此部分试验在广西大学林学院苗圃的温棚室内进行。首先在大桶中放置 10cm 深的石英砂，然后将装有磷酸二氢钾的壳体放在中心位置，最后用石英砂将壳体填埋直至填满大桶。用 500ml 塑料小口瓶盛蒸馏水匀速地对石英砂表面的中间位置进行滴水，水透过石英砂渗入壳体里的肥料，肥料因溶于水而随着水一起向外渗透，通过大桶侧边钻的孔经过软管及 PVC 硬管流入一个 500ml 塑料大口瓶中，实验中的大桶及接水样的塑料大口瓶都用保鲜膜密封，以防水分的蒸发。

实验处理方法共分 2 种，每种处理方法设置 20 个重复实验。第一种处理方法：采用的木材剩余物树种为松木，壳体密度为 $0.55g \cdot cm^{-3}$，壳体厚度为 8mm，其中 8 个壳体用于测量亚甲基蓝浓度，每隔 10 天降水 600ml，每次降水 2 天后取水样测量其体积并测定水样中亚甲基蓝的浓度，通过对比亚甲基蓝的总含量研究肥料壳体的释放规律，其中亚甲基蓝浓度的测定方法参考《呼伦贝尔地区土壤有机碳及其组分的影响因素研究》(吴庆标，2006)。另外 12 个壳体每隔 10 天降水 600ml，每次降水 2 天后通过观测亚甲基蓝的迁移路径来研究肥料的释放路径，其具体方法为：清除其中一个壳体上面的石英砂，通过拍照的方式对比亚甲基蓝颜色及路径在石英砂、壳体 4 个侧边板块及底板的变化，在宏观上观察分析壳体肥料的释放路径。第二种处理方法：采用的木材剩余物树种为香椿木，壳体密度为 $0.55g \cdot cm^{-3}$，壳体厚度为 8mm，试验的设置及研究肥料释放路径的方法与第一种处理方法相同。此部分试验的降雨量设置的比较多，因为只是观察其整个过程壳体肥料的释放规律，所以为了缩短整个试验的周期，也为了降雨的方便，采用了 600ml/10d 的降雨量。

## 5.3　结果与分析

### 5.3.1　亚甲基蓝的总含量变化规律

目前亚甲基蓝的浓度未能测定，所以未能计算其总量的变化规律。分析原因：①受石英砂的浑浊色、壳体的颜色影响；②分光光度计测得的吸光度的精度为 0.001，初期释放的浓度较低，不好测量。

虽然亚甲基蓝的浓度总量变化规律不明显，但是此方法是可行的，建议加大亚甲基蓝与石英砂的质量比，或者延长研究时间，待木材剩余物壳体已经腐烂不成型，便于浓度的测量及观察其总量的变化规律。

即使亚甲基蓝的总含量变化规律不明显，但是通过从宏观上观察亚甲基蓝颜色及路径的变化来研究壳体肥料的释放规律也达到了本部分实验的目的。

### 5.3.2 亚甲基蓝颜色及路径的变化规律

通过亚甲基蓝颜色及路径的变化在宏观上观察壳体肥料的释放路径，主要通过拍照的方式进行对比分析。在每一次降雨后的各段时间内，松木壳体和香椿木壳体中亚甲基蓝颜色及路径的变化描述及分析如下。

10d：①松木壳体。壳体完整未损，如图 5-1(a)所示，整个壳体遇水后有点膨胀变软；拿出壳体后周边的石英砂未见有蓝色，壳体的侧边外部有少许蓝色，壳体顶部及底部未见颜色；打开壳体的盖之后，因为热熔胶的阻隔作用，撕掉热熔胶之后热熔胶覆盖处几乎没有颜色或颜色很浅，壳体里面装的亚甲基蓝及石英砂的混合物遇水后变为深蓝色，将亚甲基蓝及石英砂的混合物倒出，观察 4 个侧板及底板的颜色深浅变化及蓝色渗入板块的深度变化，亚甲基蓝渗入壳体侧边及底部有1.0～1.8mm 深，如图 5-1(b)所示。②香椿木壳体。壳体完整未损，整个壳体遇水后有点膨胀变软，但比松木壳体的硬；拿出壳体后周边的石英砂未见有蓝色，壳体的侧边、壳体顶部及底部未见颜色；亚甲基蓝渗入壳体侧边及底部比松木壳体的浅，1.0～1.5mm 深，颜色很浅。③松木及香椿木壳体的释放规律类似，溶液都是通过壳体的 4 个侧边及底部渗出，松木壳体的释放比香椿木的快。

20d：与第 1 次的规律类似(图 5-2)，但亚甲基蓝的颜色稍深，亚甲

(a) 松木壳体完整未损

(b) 亚甲基蓝渗入松木壳体深度

图 5-1　10d 后壳体亚甲基蓝颜色及路径的变化

基蓝渗入壳体侧边及底部的更深,约 2.0mm。

(a) 松木壳体

(b) 香椿木壳体

图 5-2　20d 后壳体亚甲基蓝颜色及路径的变化

30d:①松木壳体。壳体基本完整无损;拿出壳体后周边的石英砂有少许淡淡的蓝色,壳体的侧边外部有些许蓝色,壳体顶部及底部未见颜色;打开壳体的盖之后,撕掉热熔胶时壳体的一角处有开裂现象,如图 5-3(a)所示,说明此阶段松木壳体已比较松散,热熔胶覆盖处几乎没有颜色或颜色很浅,在亚甲基蓝渗入壳体侧边及底部有 2.0～2.5mm 深,如图 5-3(b)所示。②香椿木壳体。壳体完整未损;拿出壳体后底部的石英砂有少许淡淡的蓝色,壳体的侧边、壳体顶部及底部未见颜色;亚甲基蓝渗入壳体侧边及底部比松木壳体的浅,2.0～2.2mm 深,如

图 5-3(c)所示，颜色较浅。③松木及香椿木壳体的释放规律类似，溶液都是通过壳体的 4 个侧边及底部渗出，松木壳体的释放比香椿木的快。

(a) 松木壳体一角出现开裂

(b) 亚甲基蓝渗入松木壳体深度

(c) 亚甲基蓝渗入香椿木壳体深度

图 5-3　30d 后壳体亚甲基蓝颜色及路径的变化

40d:①松木壳体。壳体松散，壳体的一个侧边已经有裂开，成 3 个小块，如图5-4(a)所示。拿出壳体后周边的石英砂有蓝色，壳体的侧边外部有些许蓝色，壳体顶部及底部未见颜色；打开壳体的盖之后，清理掉壳体里面的石英砂及亚甲基的混合物时壳体的另一个侧边也出现脱落的现象，热熔胶覆盖处几乎没有颜色或颜色很浅，在亚甲基蓝渗入壳体侧边及底部有 2.5～3.0mm 深，如图 5-4(b)所示。②香椿木壳体。壳体完整未损；拿出壳体后底部的石英砂有少许淡淡的蓝色，壳体的侧边、壳体顶部及底部未见颜色；亚甲基蓝渗入壳体侧边及底部比松木壳体的浅，2.2～2.5mm 深，如图 5-4(c)所示，颜色较松木壳体的浅。

③松木及香椿木壳体的释放规律类似，溶液都是通过壳体的 4 个侧边及底部渗出，松木壳体的释放比香椿木的快。

（a）松木壳体一侧板裂开

（b）亚甲基蓝渗入松木壳体深度

（c）亚甲基蓝渗入香椿木壳体深度

图 5-4　40d 后壳体亚甲基蓝颜色及路径的变化

50d：①松木壳体。壳体很软，壳体周边的石英砂有蓝色，壳体的侧边外部有些许蓝色，如图 5-5(a)所示；拿出壳体后壳体顶部及底部未见颜色，底部的石英砂有些淡蓝色；壳体厚度已经由 8mm 膨胀至 11.5mm，底板亚甲基蓝颜色渗入深度达 11.0mm，如图 5-5(b)所示，侧板的则比较少，渗入深度约 3.5mm，如图 5-5(c)所示。②香椿木壳体。壳体完整未损；拿出壳体后底部的石英砂有少许淡淡的蓝色，壳体的侧边、壳体顶部及底部未见颜色；壳体厚度已经由 8mm 膨胀至 10.5mm，亚甲基蓝渗入壳体侧边及底部比松木壳体的浅，渗入深度约 2.8mm，如图 5-5(d)所示，颜色较松木壳体的浅。③松木及香椿木壳体的释放规律类似,溶液都是通过壳体的 4 个侧边及底部渗出,从底部渗出的速度较 4 个侧边快,松木壳体的释放比香椿木的快。

(a)松木壳体的侧板呈浅蓝色

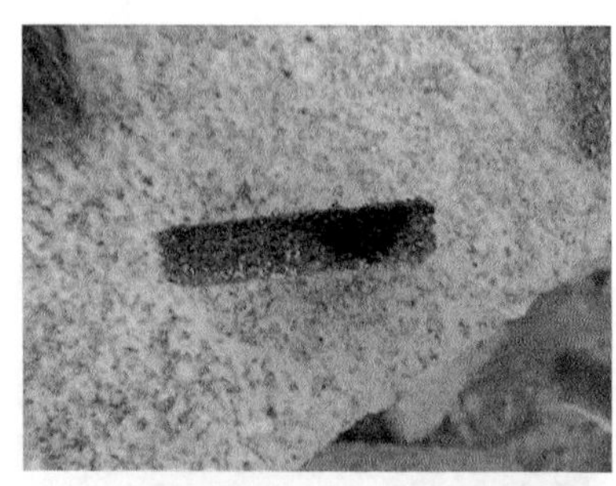

(b)亚甲基蓝渗入松木壳体底板深度

(c)亚甲基蓝渗入松木壳体侧板深度

(d)亚甲基蓝渗入香椿木壳体深度

图 5-5　50d 后壳体亚甲基蓝颜色及路径的变化

60d:①松木壳体。壳体很软,壳体周边的石英砂有蓝色,壳体的侧边外部有较深蓝色;拿出壳体后壳体底板出现很深的蓝色,如图 5-6(a)所示,底部的石英砂有深蓝色,如图 5-6(b)所示;壳体厚度底板已经由 8mm 膨胀至 11.5mm,底板亚甲基蓝颜色渗入深度达 2.5～11.5mm,如图 5-6(c)所示,底部全部渗透;壳体侧边板块厚度 12mm,渗入深度 5.0～6.5mm,如图 5-6(d)所示。②香椿木壳体。壳体完整未损;拿出壳体后底部的石英砂有少许淡淡的蓝色,壳体的侧边、壳体顶部及底部未见颜色;壳体厚度已经由 8mm 膨胀至 10.5mm,壳体底板渗入深度 2.5～8.5mm,如图 5-6(e)所示,底部虽然未完全渗透,但所剩无几;壳体侧板渗入深度 3.0～4.0mm，如图 5-6(f)所示，颜色较松木壳体的浅。③松木及香椿木壳体的释放规律类似，溶液都是通过壳体的 4 个侧边及底部渗出，从底部渗出的速度比 4 个侧边快得多，松木壳体的释放比香椿木的快。

(a) 松木壳体底板

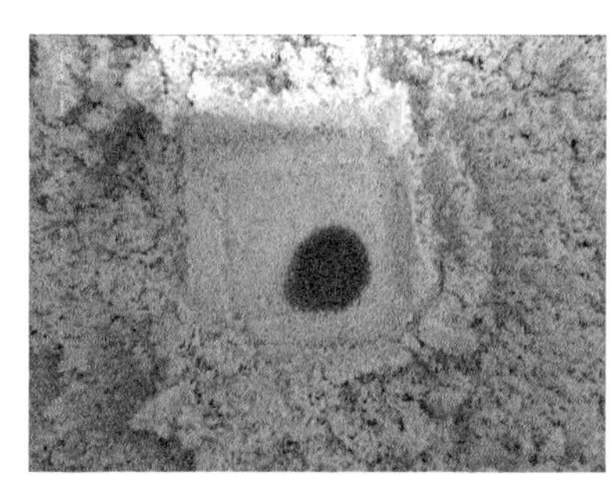

(b) 松木壳体底部石英砂

(c) 亚甲基蓝渗入松木壳体底板深度

(d) 亚甲基蓝渗入松木壳体侧板深度

(e) 亚甲基蓝渗入香椿木壳体底板深度

(f) 亚甲基蓝渗入香椿木壳体侧板深度

图 5-6　60d 后壳体亚甲基蓝颜色及路径的变化

70d:①松木壳体。壳体很软,壳体周边的石英砂有少许蓝色,壳体的侧边外部有较深蓝色;拿出壳体后壳体底板未见蓝色,底部的石英砂有浅浅的蓝色;壳体厚度底板已经由8mm膨胀至11.5mm,底板亚甲基蓝颜色渗入深度达2.5～9.0mm,如图5-7(a)所示;壳体侧边板块厚度12.0mm,渗入深度1.5～6.0mm,如图5-7(b)所示。②香椿木壳体。壳体完整未损;拿出壳体后底部的石英砂有少许淡淡的蓝色,壳体的侧边、壳体顶部及底部未见颜色;壳体厚度已经由8mm膨胀至11.0mm,壳体底板渗入深度3.5～4.0mm,如图5-7(c)所示;壳体侧板渗入深度2.0～4.0mm,如图5-7(d)所示,颜色较松木壳体的浅。③松木及香椿木壳体的释放规律类似,溶液都是通过壳体的4个侧边及底部渗出,从底部渗出的速度比4个侧边快,松木壳体的释放比香椿木的快。

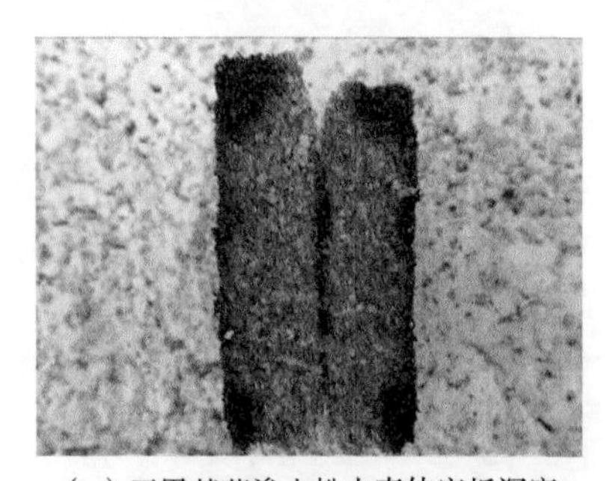

(a)亚甲基蓝渗入松木壳体底板深度

(b)亚甲基蓝渗入松木壳体侧板深度

(c)亚甲基蓝渗入香椿木壳体底板深度

(d)亚甲基蓝渗入香椿木壳体侧板深度

图5-7 70d后壳体亚甲基蓝颜色及路径的变化

80d:①松木壳体。壳体很软,壳体周边的石英砂有少许蓝色,壳体的侧边外部有较深蓝色;拿出壳体后壳体底板未见蓝色,底部的石英砂未见蓝色;壳体厚度已经由8mm膨胀至12.5mm,底板亚甲基蓝颜色渗入深度达4.5mm,如图5-8(a)所示;壳体侧边板块渗入深度变化比较大,为3.0～11.0mm,如图5-8(b)所示。②香椿木壳体。壳体完整未损;拿出壳体后底部的石英砂也未见有蓝色,壳体的侧边、壳体顶部及底部未见颜色;壳体厚度已经由8mm膨胀至11.0mm,壳体底板渗入深度1.5～3.5mm,如图5-8(c)所示,壳体侧板渗入深度3.5mm,如图5-8(d)所示。③松木及香椿木壳体的释放规律类似,溶液都是通过壳体的4个侧边及底部渗出,松木壳体的释放比香椿木的快。

(a) 亚甲基蓝渗入松木壳体底板深度

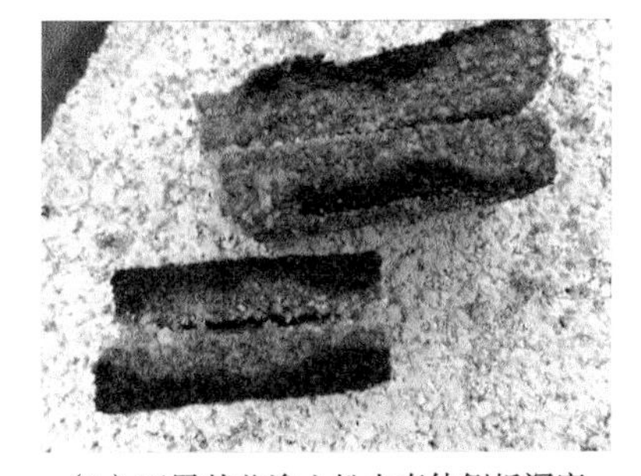
(b) 亚甲基蓝渗入松木壳体侧板深度

(c) 亚甲基蓝渗入香椿木壳体底板深度

(d) 亚甲基蓝渗入香椿木壳体侧板深度

图5-8　80d后壳体亚甲基蓝颜色及路径的变化

90d:①松木壳体。壳体很软,壳体侧板及底板的热熔胶黏接处已有较深蓝色,拿出壳体后壳体底板及底部的石英砂见深蓝色,如图 5-9(a)所示,亚甲基蓝颜色渗入深度达 7.5mm,如图 5-9(b)所示;②香椿木壳体。壳体完整未损;拿出壳体后底部的石英砂也未见有蓝色,壳体的侧边、壳体顶部及底部未见颜色;亚甲基蓝渗入深度达 5.0mm,如图 5-9(c)所示,其颜色较松木壳体的浅。③松木及香椿木壳体的释放规律类似,溶液都是通过壳体的 4 个侧边及底部渗出,松木壳体的释放比香椿木的快。

(a) 松木壳体底板及石英砂

(b) 亚甲基蓝渗入松木壳体深度

(c) 亚甲基蓝渗入香椿木壳体深度

图 5-9 90d 后壳体亚甲基蓝颜色及路径的变化

100d:①松木壳体。壳体很软,板块之间的连接处有些松散,如图 5-10(a)所示,打开壳体的盖之后,热熔胶覆盖处几乎没有颜色或颜色很浅,热熔胶未覆盖的地方颜色则比较深,亚甲基蓝颜色渗入侧板深度为 7.0mm,底板则达 7.5mm,如图 5-10(b)所示,②香椿木壳体:壳体完整未损,且其较松木壳体的硬;拿出壳体后见壳体底板有缝隙,如图 5-10(c)所示,底部的石英砂有蓝色,其壳体的侧边、壳体顶部及底部未见颜色;亚甲基蓝渗入深度为 4.0mm,如图 5-10(d)所示,其颜色较松木壳体的浅。③松木及香椿木壳体的释放规律类似,溶液都是通过壳体的 4 个侧边及底部渗出,松木壳体的释放比香椿木的快。

(a) 松木壳体连接处松散

(b) 亚甲基蓝渗入松木壳体深度

(c) 香椿木壳体底板缝隙

(d) 亚甲基蓝渗入香椿木壳体深度

图 5-10　100d 后壳体亚甲基蓝颜色及路径的变化

110d:①松木壳体。壳体很软,亚甲基蓝颜色渗入壳体的深度达 10.0mm,如图 5-11(a)所示。②香椿木壳体。壳体完整未损,较松木壳体的硬,亚甲基蓝渗入深度为 6.0mm,如图 5-11(b)所示,其颜色较松木壳体的浅。③松木及香椿木壳体的释放规律类似,溶液都是通过壳体的 4 个侧边及底部渗出,松木壳体的释放比香椿木的快。

（a）亚甲基蓝渗入松木壳体深度

（b）亚甲基蓝渗入香椿木壳体深度

图 5-11 110d 后壳体亚甲基蓝颜色及路径的变化

### 5.3.3 壳体肥料释放规律

虽然每个壳体的制造工艺相同，但由于实验中的仪器误差、操作误差等因素的存在，每个壳体会有一些差异，且其差异具有随机性，所以每次降雨后所研究的松木和香椿木壳体亚甲基蓝颜色及路径的变化没有很好的连续性，例如 50d 后所研究的松木壳体的底板可能没有压制均匀，导致密度不均，所以其中的一个角已经松散，亚甲基蓝全部透过底板流到壳体下面的石英砂里。虽然存在着上述一些影响因素，但是通过照片对比亚甲基蓝颜色及路径的变化，还是能从整体上发现壳体肥料释放的规律。

松木壳体及香椿木壳体的肥料释放规律主要有以下 3 点。

（1）松木壳体及香椿木壳体降雨后，水主要从壳体顶板渗入，壳体遇水后膨胀变软，80d 后松木壳体的板块已经由原来的 8mm 厚度膨胀至 12.5mm，香椿木壳体的板块已经由原来的 8.0mm 厚度膨胀至 11.0mm；亚甲基蓝慢慢从壳体四周的侧板及底板渗出，其颜色慢慢由浅变深，渗入深度变化如表 5-1 所述，总的来说，底板渗出的速度比侧板的快。壳体的侧板及底板会出现松散的现象，但由于壳体四周石英砂的保护作用，其不容易坍塌。

(2)松木壳体及香椿木壳体释放快慢的比较:①松木壳体遇水后变软膨胀的厚度比香椿木壳体的大;②亚甲基蓝渗入松木壳体侧板及底板的深度比香椿木的大;③亚甲基蓝渗入松木壳体侧板及底板的颜色比香椿木的深;④松木壳体出现松散现象,而香椿木壳体的基本都完好无损。各方面的对比都表明松木壳体的释放速度比香椿木壳体的快,其结果与3.3.1节所述的相同。

(3)热熔胶具有阻隔作用,热熔胶处几乎没有亚甲基蓝的渗出,所以如若热熔胶没有粘好壳体,亚甲基蓝很容易从各个板块的拼接处渗出。

**表5-1　亚甲基蓝渗入壳体的深度变化表**

| 时间/d | 松木壳体 | | 香椿木壳体 | |
|---|---|---|---|---|
| | 底板/mm | 侧板/mm | 底板/mm | 侧板/mm |
| 10 | 1.0～1.8 | 1.0～1.8 | 1.0～1.5 | 1.0～1.5 |
| 20 | 2.0 | 2.0 | 2.0 | 2.0 |
| 30 | 2.0～2.5 | 2.0～2.5 | 2.0～2.2 | 2.0～2.2 |
| 40 | 2.5～3.0 | 2.5～3.0 | 2.2～2.5 | 2.2～2.5 |
| 50 | 11.0 | 3.5 | 2.8 | 2.8 |
| 60 | 2.5～11.5 | 5.0～6.5 | 2.5～8.5 | 3.0～4.0 |
| 70 | 2.5～9.0 | 1.5～6.0 | 3.5～4.0 | 2.0～4.0 |
| 80 | 4.5 | 3.0～11.0 | 1.5～3.5 | 3.5 |
| 90 | 7.5 | 3.5 | 5.0 | 3.5 |
| 100 | 7.5 | 7.0 | 4.0 | 4.0 |
| 110 | 10.0 | 10.0 | 6.0 | 6.0 |

## 5.4　小　　结

(1)松木壳体及香椿木壳体降雨后,水主要从壳体顶板渗入,壳体遇水后膨胀变软;亚甲基蓝慢慢从壳体四周的侧板及底板渗出,其颜色慢慢由浅变深，渗入深度也有变大的趋势，底板渗出的速度比侧板的快。壳体的侧板及底板会出现松散的现象，但由于壳体四周石英砂的保护作用，其不容易坍塌。

(2)松木壳体的释放速度比香椿木壳体的快。

(3)热熔胶具有阻隔作用，热熔胶处几乎没有亚甲基蓝的渗出，所以如果热熔胶没有粘好壳体，亚甲基蓝很容易从各个板块的拼接处渗出。

(4)实际林木施肥时，将壳体埋入土壤里，虽然壳体四周的土壤与试验中石英砂一样具有保护作用，但由于林地具有坡度，土壤中含有真菌等条件的存在，壳体可能比较容易出现腐烂坍塌现象，但是壳体的腐烂或坍塌覆盖在肥料的外面，壳体还是能起到缓释的效果。此外，木材剩余物也能起到肥沃土壤的作用，有利于树木的生长。

# 第6章　壳体施肥对林木生长的影响

## 6.1　引　　言

缓释肥料的释放特性受所使用包膜材料的本身性质等因素的影响。无机物材料、高分子材料、聚合物材料等均可作为制造缓释肥料的包膜材料。不同包膜材料对肥料的释放特性不同。

木材本身具有渗透性、多孔性等特征，因此可以利用木材剩余物制造缓释肥料壳体。将该木材剩余物壳体装载肥料制备缓释肥料，其肥料的释放规律也受木材剩余物壳体的类型、壳体的厚度、壳体的密度等因素的影响。本章所使用的木材剩余物缓释肥料壳体是通过二次成型法制备而得，把史丹利复合肥装载于所制备的松木壳体和香椿木壳体进行林木施肥试验，通过定期测定树木的胸径、树高、材积的生长量以及土壤、叶子的营养元素的变化规律，来解析壳体肥料的释放规律和评价壳体的施肥效果，为下一步进行壳体的优化制造提供理论的依据，指导木材剩余物缓释肥料壳体的产业化生产以及实际林木施肥作业。

## 6.2　材料与方法

### 6.2.1　主要材料

（1）木材剩余物。制备壳体所使用的木材剩余物从锯木厂购买，主要是带锯机加工原木剩下的木屑，有针叶材和阔叶材两个树种（松木、香椿木）。将两种木材剩余物晒干至含水率10%左右，使用筛网筛分出14～28目规格的木材剩余物，用于制作壳体。

（2）胶黏剂。使用脲醛树脂（UF）制备壳体，从市场购买，其固体含量是53%，固化温度为105～125℃。

（3）其他。塑料大桶、纸箱、绳子、密封袋、保鲜袋、编织袋、锄头、刀等。

### 6.2.2 主要仪器

①平板硫化机（XLB100-D）；②搅拌机（DWD-268型）；③圆锯机（MJ263$C_1$-28/45）；④任意点测高仪；⑤火焰光度计；⑥紫外分光光度计；⑦其他，如含水率测定仪、电磁炉、电子天平、热熔枪、热熔胶、量筒、容量瓶、烧杯、移液枪、移液管、玻璃棒、漏斗等。

### 6.2.3 主要化学试剂

钼酸铵[$(NH_4)_6Mo_7O_{24}\cdot 4H_2O$，分析纯]、磷酸二氢钾、氯化钾、浓硫酸（分析纯，密度1.84g/ml）、氢氧化钠、高锰酸钾、酒石酸锑钾（$KSbOC_4H_4O_6\cdot 1/2H_2O$，分析纯）、草酸、乙酸铵、二硝基酚、抗坏血酸（$C_6H_8O_6$，左旋，旋光度+21°～+22°，分析纯）、蒸馏水、乙醇等。

### 6.2.4 壳体的制造方法

试验使用的木材剩余物缓释肥料壳体是通过二次成型的方法制备所得。壳体制备工艺为：把木材剩余物和脲醛树脂（UF）按6∶1的质量比混合，将混合后的木材剩余物置于搅拌机内搅拌10分钟，然后把搅拌均匀的物料放置在室内晾干至含水率10%左右。每次称取950g木材剩余物，置于面积为40cm×40cm的模具内进行铺装，将板坯铺装均匀并压实，把铺装好的板坯放入已预热至 125℃左右的平板硫化机压板上，在板坯两边放入厚度规进行压制板块（如图 6-1），开始缓慢升压，将压力控制在 1.4～2.1MPa 范围内，热压温度为 128℃，热压时间为 7min，结束时缓慢卸压。把压制成型的板块置于室内冷却，然后使用圆锯机对其进行裁边加工，锯掉边角松软部分，将板块加工成所设计规格的小方块，最后，进行壳体的组装，借助热熔胶把加工好的小方块按照设计黏合成所需尺寸的正方体形壳体（如图 6-2），所制备壳体的规格为 7cm×7cm×7cm。将制备的每个松木壳体、香椿木壳体装载 250g 史丹利复合肥，用于进行林木施肥试验，研究壳体肥料的释放规律。

图 6-1　压制板块

图 6-2　香椿木壳体样品

### 6.2.5　林木施肥试验法

采用松木壳体、香椿木壳体对速生桉树（尾巨桉无性系 DH32-28，下同）进行施肥试验，试验地位于南宁树木园良凤江连山站的 1.5 年生的桉树二代林，样地纬度 N22°36′08.13″，经度 E108°18′15.60″。于 2013 年 8 月 21 日开始进行壳体施肥试验。主要步骤为：

（1）拉样方，选取样地。每隔 2 株树的距离选取一个样地，样地面积为 20m×20m，总共 9 个样地。

（2）壳体的制作及肥料的准备。壳体的制造方法如 6.2.4 节所述，所采用的木粉有松木及香椿木 2 种，木粉规格为 14～28 目，脲醛树脂与木粉的质量比例为 1 ∶ 6，木粉与胶黏剂混合物质量为 950g，压板时间为 7min，压力为 1.4～2.1MPa，热压温度为 130℃，壳体的容量为 7cm×7cm×7cm，装载 250g 肥料，实验中使用的肥料是史丹利牌复合肥料（硫酸钾型）。

（3）林木施肥的前期工作。先测好每个样地里桉树的胸径、树高和材积，胸径在树木的 1.3m 处采用围尺进行测量，树高采用任意点测高仪进行测量，以样地里所有桉树胸径、树高和材积的平均值作为样地的植物生长量，此次测量的值主要是作为基准，方便与施肥后作对比，以评价施肥效果。在每个样地对角线方向 4 株树的中间挖 5 个 20cm 深的坑用来取土样，将 5 个坑所取的土壤混合作为样地的土样，拿回实验室用于测定土壤营养元素。同样沿着样地对角线方向摘取桉树的树叶用以测定树叶营养元素。

（4）施肥作业。在每株树木两侧约 30cm 处挖一个 20cm×20cm×20cm 的坑，将装载肥料后的壳体放入后用土填平。同一个样地里的树木的处理方法相同，1、4、7 号样地采用松木壳体肥料，2、5、8 号样地采用香椿木壳体肥料，3、6、9 号样地直接施肥，各个试验样地的处理情况如表 6-1 所示，其中树木密度表示每个样地内的树木的棵数，平均树木密度表示相同处理方法的 3 个样地的树木密度的均值，松木壳体肥料施肥、香椿木壳体肥料施肥及直接施肥的 3 种处理方法的平均树木密度相差不大，试验林的条件基本相同。

**表 6-1 试验样地的处理情况**

| 样地号 | 1 | 4 | 7 | 2 | 5 | 8 | 3 | 6 | 9 |
|---|---|---|---|---|---|---|---|---|---|
| 处理方法 | 松木壳体肥料施肥 | | | 香椿木壳体肥料施肥 | | | 直接施肥 | | |
| 树木密度 | 78 | 67 | 65 | 84 | 80 | 70 | 95 | 69 | 59 |
| 平均树木密度 | 70 | | | 78 | | | 74 | | |

（5）林木生长量测定。定期测定一次桉树的胸径、树高和材积生长量，了解壳体施肥的作用及效果。定期采集土壤及树叶样品，分析 N、P、K 营养元素的变化规律。

### 6.2.6　生长量测定法

树木的胸径、树高、材积等指标代表其生长量，通过测量其生长量指标，反映林木生长速度的快慢，来评价壳体施肥后肥料缓控释效果。试验一共测量了壳体施肥 16 个月桉树的胸径、树高和材积，前 10 个月中每个月定期测量桉树的胸径、树高和材积，之后每隔 3 个月测量一次桉树的胸径、树高和材积，共测量了 12 次。

单株立木材积的计算参照公式（岑巨延，2007）：$V = C_0 \times D^{C_1 - C_2 \times (D+H)} \times H^{C_3 + C_4 \times (D+H)}$

V 为单株材积（$m^3$）；D 为胸径（cm）；H 为树高（m）；$C_0$、$C_1$、$C_2$、$C_3$、$C_4$ 均为常数，$C_0 = 1.09154145 \times 10^{-4}$；$C_1 = 1.87892370$；$C_2 = 5.69185503 \times 10^{-3}$；$C_3 = 0.65259805$；$C_4 = 7.84753507 \times 10^{-3}$。

### 6.2.7　土壤营养元素分析方法

进行壳体施肥试验后共采集 5 次土壤样品，每隔 2 个月采集一次，土壤样品的采集参照《中华人民共和国林业行业标准：森林土壤样品的采集与制备（LY/T 1210-1999）》；每个样地按照对角线方向 4 株树的中间挖 5 个 20cm 深的坑用来取土样，将 5 个坑所取的土壤混合作为样地的土样，将采得土样拿回实验室放置自然晾干，剔除石块、枯枝落叶等杂物，再进行粉碎，将粉碎后样品放于密封袋装好，防止吸水变潮。然后进行土壤 N、P、K 元素的测定。N 元素的测定参照《森林土壤全氮的测定》（LY/T 1228-1999），P 元素的测定参照《森林土壤全磷的测定》（LY/T 1232-1999），K 元素的测定参照《森林土壤全钾的测定》

(LY/T 1234-1999)。

### 6.2.8 树叶营养元素分析方法

进行壳体施肥试验后每隔2个月采集一次桉树叶子,8个月后因桉树长得太高而无法采集到其叶子,因此总共采集了5次桉树的叶子样品。树叶样品的采集参照《中华人民共和国林业行业标准:森林植物(包括森林枯枝落叶层)样品的采集与制备(LY/T 1211-1999)》,将采集的叶子带回实验室,置于80℃的恒温干燥箱进行干燥,干燥至叶子处于一捏即碎状态,用粉碎机把叶子粉碎至粉末状(200目),然后进行叶子N、P、K元素的测定。N元素的测定参照《森林植物与森林枯枝落叶层全氮的测定》(LY/T 1269-1999),P元素和K元素的测定参照《森林植物与森林枯枝落叶层全氮、磷、钾、钠、钙、镁的测定》(LY/T 1271-1999)。

### 6.2.9 数据统计分析方法

首先通过Microsoft Excel 2003软件对原始试验数据进行初步整理和统计;然后使用SAS软件对整理好的试验数据进行统计检验及方差分析;采用Duncan检验方法进行多重比较分析。

多重比较分析是为了在方差分析F检验结论为该因素差异显著条件下,进一步比较该因素水平间两两的差异显著。邓肯(Duncan)新复全距法,即LSR检验法,是一种多重极差检验法。其显著性尺度计算公式(邵崇斌,2003)如下:

$$LSR(k)=SSR_a(k,f_e)\times(S_e^2/m)^{1/2}$$

其中$SSR_a(k,f_e)$是Duncan's新复极差检验的临界值,可以从该检验的SSR表中查出,k是将各水平的平均数按由大到小的顺序排列时,欲比较的第i与第j水平均值$\overline{x_i}$与$\overline{x_j}$所间隔的平均数个数(含$\overline{x_i}$与$\overline{x_j}$)。

# 6.3 结果与分析

## 6.3.1 壳体施肥对桉树生长规律的影响

前期每个月测定一次，后期3个月测定一次，共12次测定了试验林的树高、胸径、材积生长量。

### 6.3.1.1 对桉树胸径生长的影响

不同壳体施肥处理后桉树胸径的平均值及生长量如表6-2、图6-3所示。

表6-2　各次测定胸径平均值

| 时间/月 | 松木壳体/cm | 香椿木壳体/cm | 直接施肥/cm |
|---|---|---|---|
| 0 | 6.53 | 6.60 | 6.23 |
| 1 | 6.90 | 6.97 | 6.63 |
| 2 | 7.40 | 7.43 | 7.17 |
| 3 | 7.83 | 7.83 | 7.67 |
| 4 | 8.20 | 8.17 | 8.00 |
| 5 | 8.57 | 8.40 | 8.23 |
| 6 | 8.73 | 8.60 | 8.43 |
| 7 | 8.87 | 8.80 | 8.57 |
| 8 | 9.10 | 9.03 | 8.77 |
| 9 | 9.33 | 9.30 | 8.97 |
| 10 | 9.53 | 9.57 | 9.13 |
| 13 | 9.90 | 10.03 | 9.47 |
| 16 | 10.43 | 10.67 | 9.77 |

松木壳体肥料施肥、香椿木壳体肥料施肥及直接施肥3种处理方法的样地的树木原始胸径分别为6.53cm、6.60cm、6.23cm。

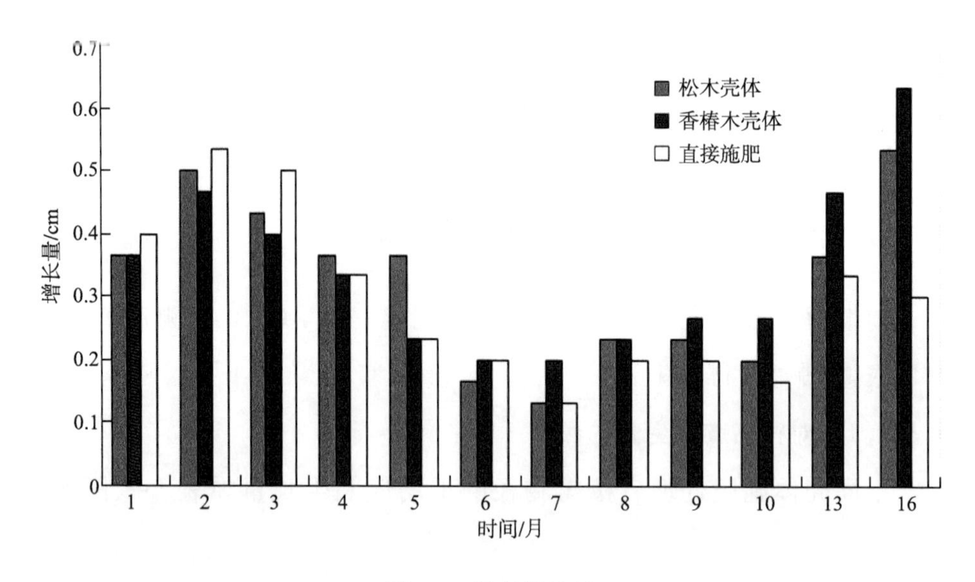


图 6-3 胸径增长量

对各个月的胸径数据进行处理，通过计算壳体施肥后每个月树木胸径的增长量，来探讨树木壳体施肥后的生长情况，其变化规律如图6-3所示。总体上，松木壳体施肥、香椿木壳体施肥和直接施肥 3 种方式施肥处理后树木的胸径增长量均呈现先增大后减小再增大的趋势。前 3 个月，直接施肥处理的样地的桉树胸径增长量均大于松木壳体施肥和香椿木壳体施肥处理桉树胸径的增长量，施肥后第 3 个月胸径增长量达到最大，分别为 0.5cm、0.47cm 和 0.53cm；第 2～7 个月，3 种施肥方式处理后桉树的胸径增长量呈现逐渐降低的趋势；第 2～5 个月，松木壳体施肥桉树的胸径增长量均大于香椿木壳体施肥桉树的胸径增长量；第 7～16 个月，3 种施肥方式处理后桉树的胸径增长量呈现逐渐增大的趋势，香椿木壳体施肥桉树的胸径增长量均大于或等于松木壳体施肥桉树的胸径增长量，直接施肥处理桉树的胸径增长量均小于或等于松木壳体施肥和香椿木壳体施肥处理桉树胸径的增长量；第 7 个月，3 种施肥处理桉树胸径的增长量最小，分别为 0.13cm、0.2cm 和

0.13cm。结果说明,前 3 个月,直接施肥处理桉树利用肥料的速率较松木壳体施肥和香椿木壳体施肥的速率快;第 2～5 个月,松木壳体施肥效果较香椿木壳体施肥好,松木壳体肥料释放较香椿木壳体快;第 6～16 个月,香椿木壳体施肥效果较松木壳体施肥好,香椿木壳体后期对肥料的缓释效果较松木壳体好。说明松木壳体和香椿木壳体对肥料养分的释放均具有缓释效果,前期松木壳体肥料释放速度较快,后期香椿木壳体肥料释放速率较快。

通过对松木壳体施肥、香椿木壳体施肥及直接施肥 3 种处理对桉树平均胸径生长进行方差分析和多重比较(表 6-3),结果表明:桉树胸径生长受施肥处理的影响,施肥处理前 5 个月,松木壳体施肥、香椿木壳体施肥和直接施肥对桉树胸径生长的影响差异均不显著($P<0.05$,下同);施肥 6 个月后,香椿木壳体施肥和松木壳体施肥、直接施肥之间差异均不显著,而松木壳体施肥与直接施肥之间差异显著;施肥 7 个月后,直接施肥和松木壳体施肥、香椿木壳体施肥之间差异均显著,松木壳体施肥和香椿木壳体施肥之间差异不显著;施肥 8 个月后,3 种施肥处理对桉树胸径生长的影响差异均不显著;施肥后第 9～16 个月,直接施肥和松木壳体施肥、香椿木壳体施肥之间差异均显著,松木壳体施肥

**表 6-3　壳体施肥对桉树胸径生长的影响**

| 处理 | 1 | 2 | 3 | 4 | 5 | 6 |
|---|---|---|---|---|---|---|
| 松木壳体 | 6.90±0.22a | 7.40±0.08a | 7.83±0.09a | 8.20±0.08a | 8.57±0.12a | 8.73±0.09a |
| 香椿木壳体 | 7.00±0.31a | 7.43±0.26a | 7.83±0.12a | 8.17±0.12a | 8.40±0.29a | 8.60±0.22ab |
| 直接施肥 | 6.63±0.31a | 7.17±0.19a | 7.67±0.12a | 8.00±0.24a | 8.23±0.25a | 8.43±0.12b |
| 处理 | 7 | 8 | 9 | 10 | 13 | 16 |
| 松木壳体 | 8.87±0.05a | 9.10±0.08a | 9.33±0.05a | 9.53±0.12a | 9.90±0.08a | 10.43±0.05a |
| 香椿木壳体 | 8.80±0.14a | 9.03±0.12a | 9.30±0.08a | 9.57±0.12a | 10.03±0.12a | 10.67±0.12a |
| 直接施肥 | 8.57±0.05b | 8.77±0.09a | 8.97±0.05b | 9.13±0.05b | 9.47±0.05b | 9.77±0.05b |

注:表格中数据为按树胸径大小,单位:cm。不同字母 a 和 b 表示在 5%水平上差异显著,下同。

和香椿木壳体施肥之间差异不显著。

#### 6.3.1.2　对桉树树高生长的影响

不同施肥方式处理后桉树树高的平均值及生长量如表 6-4、图 6-4 所示。

**表 6-4　各次测定树高平均值**

| 时间/月 | 松木壳体/m | 香椿木壳体/m | 直接施肥/m |
| --- | --- | --- | --- |
| 0 | 7.67 | 7.39 | 7.27 |
| 1 | 9.00 | 8.73 | 8.80 |
| 2 | 10.47 | 10.20 | 10.47 |
| 3 | 11.53 | 11.23 | 11.60 |
| 4 | 12.30 | 11.97 | 12.17 |
| 5 | 12.97 | 12.57 | 12.57 |
| 6 | 13.07 | 12.77 | 12.70 |
| 7 | 13.23 | 13.00 | 12.80 |
| 8 | 13.80 | 13.67 | 13.33 |
| 9 | 14.37 | 14.33 | 13.80 |
| 10 | 14.93 | 15.17 | 14.27 |
| 13 | 15.77 | 16.30 | 14.93 |
| 16 | 16.80 | 17.70 | 15.47 |

松木壳体肥料施肥、香椿木壳体肥料施肥及直接施肥 3 种处理方法的样地的树木原始树高分别为 7.67m、7.39m、7.27m。

对各个月的树高数据进行处理，计算每个月树木树高的增长量，来探讨树木施肥后树高的生长情况，其变化规律如图 6-4 所示。总体上，松木壳体施肥、香椿木壳体施肥和直接施肥 3 种方式施肥处理后树木的树高增长量均呈现先增大后减小再增大的趋势。前 3 个月，直接施肥处理的样地的桉树树高增长量均大于松木壳体施肥和香椿木壳体施肥处理桉树树高的增长量，施肥后第 2 个月树高增长量达到最大，分别为 1.53m、1.47m 和 1.67m；施肥后第 2～5 个月，松木壳体施肥处理桉

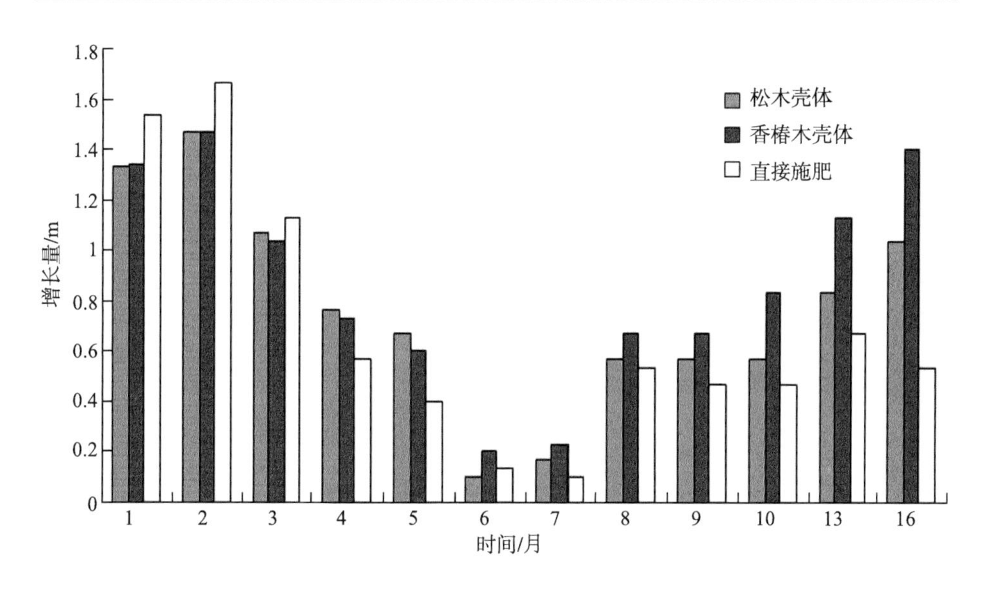


图 6-4　树高增长量

树树高的增长量大于香椿木壳体施肥处理桉树树高的增长量；施肥后第 2～6 个月，3 种施肥处理桉树树高的增长量均呈现逐渐减小的趋势，第 6 个月最小，分别为 0.10m、0.20m 和 0.13m；施肥后第 7～16 个月，3 种施肥方式处理桉树树高的增长量均呈现逐渐增大的趋势，直接施肥处理桉树树高的增长量小于松木壳体施肥和香椿木壳体施肥处理桉树树高的增长量；施肥后第 6～16 个月，香椿木壳体施肥处理桉树树高的增长量大于松木壳体施肥桉树树高的增长量；结果说明，前 3 个月，直接施肥处理桉树利用肥料的速率较松木壳体施肥和香椿木壳体施肥的速率快；第 2～5 个月，松木壳体施肥效果较香椿木壳体施肥好，松木壳体肥料释放较香椿木壳体快；第 6～16 个月，香椿木壳体施肥效果较松木壳体施肥好，香椿木壳体后期对肥料的缓释效果较松木壳体好。说明松木壳体和香椿木壳体对肥料养分的释放均具有缓释效果；前期松木壳体肥料释放速度较快，后期香椿木壳体肥料释放速率较快。

通过对松木壳体肥料施肥、香椿木壳体肥料施肥及直接施肥3种处理对桉树的平均树高生长进行方差分析和多重比较(表6-5),结果表明:桉树的后期树高生长受施肥处理的影响。施肥后第1～8个月,松木壳体肥料施肥、香椿木壳体肥料施肥及直接施肥的3种处理方法对桉树的树高生长的影响差异均不显著;施肥9个月后,香椿木壳体施肥和松木壳体施肥、直接施肥之间差异均不显著,松木壳体施肥和直接施肥之间差异显著;施肥10个月后,直接施肥和松木壳体施肥、香椿木壳体施肥之间差异均显著,松木壳体施肥和香椿木壳体施肥之间差异不显著;施肥13个月后,松木壳体施肥与香椿木壳体施肥、直接施肥直接差异不显著,香椿木壳体施肥与直接施肥之间差异显著;施肥16个月后,3种施肥处理效果差异均不显著。直接施肥和松木壳体施肥、香椿木壳体施肥之间差异均显著,松木壳体施肥和香椿木壳体施肥之间差异不显著。

**表6-5　壳体施肥对桉树树高生长的影响**

| 处理 | 1 | 2 | 3 | 4 | 5 | 6 |
|---|---|---|---|---|---|---|
| 松木壳体 | 8.93±0.21a | 10.47±0.29a | 11.53±0.12a | 12.30±0.08a | 12.97±0.12a | 13.07±0.12a |
| 香椿木壳体 | 8.80±0.12a | 10.47±0.08a | 11.23±0.17a | 11.97±0.17a | 12.57±0.17a | 12.77±0.12a |
| 直接施肥 | 8.73±0.43a | 10.20±0.76a | 11.60±0.29a | 12.17±0.29a | 12.57±0.33a | 12.70±0.33a |
| 处理 | 7 | 8 | 9 | 10 | 13 | 16 |
| 松木壳体 | 13.23±0.05a | 13.80±0.33a | 14.37±0.48a | 14.93±0.52a | 15.77±0.26ab | 16.80±0.33a |
| 香椿木壳体 | 13.00±0.08a | 13.67±0.41a | 14.33±0.39ab | 15.17±0.42a | 16.30±0.29a | 17.70±0.43a |
| 直接施肥 | 12.80±0.33a | 13.33±0.05a | 13.80±0.28b | 14.27±0.45b | 14.93±0.46b | 15.47±0.29b |

注:表中数据为桉树树高,单位:cm。

#### 6.3.1.3　对桉树材积生长的影响

不同施肥方式处理后桉树材积的平均值及生长量如表6-6、图6-5所示。

**表 6-6　各次测定材积平均值**

| 时间/月 | 松木壳体/m³ | 香椿木壳体/m³ | 直接施肥/m³ |
|---|---|---|---|
| 0 | 0.015 2 | 0.015 0 | 0.013 4 |
| 1 | 0.019 1 | 0.019 0 | 0.017 5 |
| 2 | 0.024 6 | 0.024 3 | 0.023 3 |
| 3 | 0.029 8 | 0.029 1 | 0.028 8 |
| 4 | 0.034 3 | 0.033 2 | 0.032 5 |
| 5 | 0.039 0 | 0.036 5 | 0.035 3 |
| 6 | 0.040 6 | 0.038 7 | 0.037 2 |
| 7 | 0.042 3 | 0.041 0 | 0.038 5 |
| 8 | 0.046 1 | 0.045 1 | 0.041 7 |
| 9 | 0.050 2 | 0.049 7 | 0.044 9 |
| 10 | 0.054 2 | 0.055 3 | 0.047 9 |
| 13 | 0.061 1 | 0.064 8 | 0.053 4 |
| 16 | 0.071 7 | 0.078 7 | 0.058 5 |

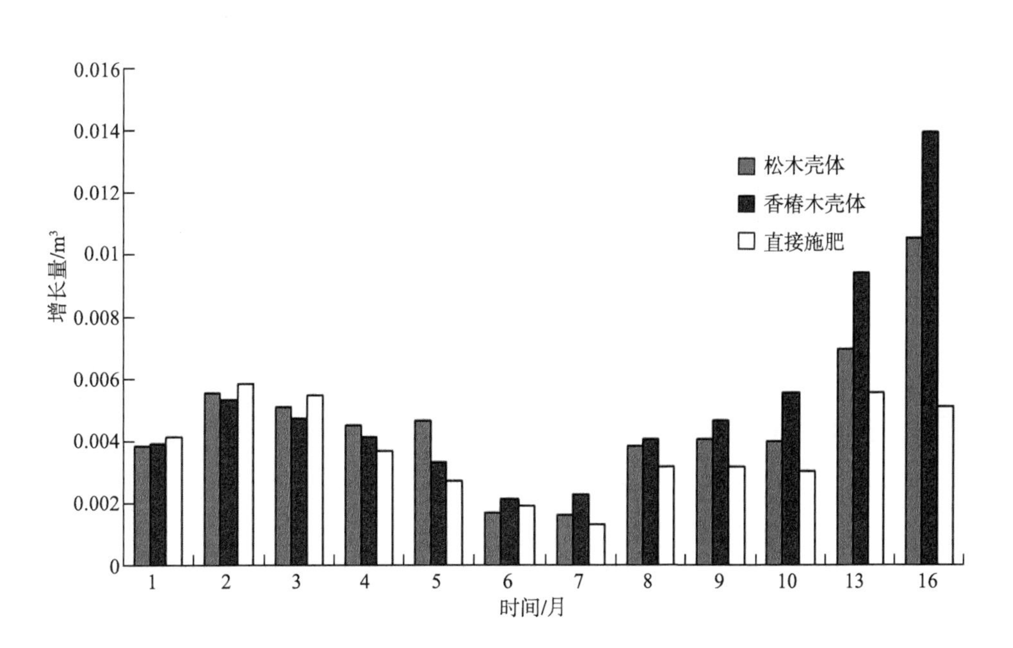


图 6-5　每个月树木材积增长量

松木壳体肥料施肥、香椿木壳体肥料施肥及直接施肥 3 种处理方法的样地的树木原始平均材积分别为 0.015 2$m^3$、0.015 0$m^3$、0.013 4$m^3$。

对各个月的平均材积数据进行处理，计算每个月树木材积的增长量，来探讨树木施肥后的生长情况，其变化规律如图 6-5 所示。松木壳体施肥、香椿木壳体施肥和直接施肥 3 种方式处理后桉树材积的增长量呈现先增大后减少然后增大的趋势。前 3 个月，直接施肥处理桉树的单株立木材积增长量均大于松木壳体施肥和香椿木壳体施肥处理桉树的单株立木材积增长量；施肥后第 2～7 个月，3 种施肥处理桉树的单株立木材积增长量均呈现逐渐减小的趋势；施肥后第 2～5 个月，松木壳体施肥处理桉树的单株立木材积增长量均大于香椿木壳体施肥处理桉树的单株立木材积增长量；施肥 7 个月后，松木壳体施肥、香椿木壳体施肥和直接施肥 3 种方式处理后桉树材积的增长量均为最小，分别为 0.001 6$m^3$、0.002 3$m^3$和 0.001 3$m^3$；施肥后第 7～16 个月，3 种方式处理后桉树材积的增长量呈现逐渐增大的趋势，香椿木壳体施肥处理桉树的单株立木材积增长量均大于松木壳体施肥处理桉树的单株立木材积增长量，第 16 个月材积增长量达到最大，分别为 0.010 5$m^3$、0.014 0$m^3$和 0.005 1$m^3$；结果说明，前 3 个月，直接施肥处理桉树利用肥料的速率较松木壳体施肥和香椿木壳体施肥的速率快，桉树生长速度较快；第 2～5 个月，松木壳体施肥效果较香椿木壳体施肥好，松木壳体肥料释放较香椿木壳体快；第 6～16 个月，香椿木壳体施肥效果较松木壳体施肥好，香椿木壳体后期对肥料的缓释效果较松木壳体好，香椿木壳体施肥后期桉树生长速度明显比松木壳体施肥桉树生长速度快。这说明松木壳体和香椿木壳体对肥料养分的释放均具有缓释效果；前期松木壳体肥料释放速度较快，后期香椿木壳体肥料释放速率较快。

材积生长是反映林木生长速度快慢的重要指标之一。相同品种、林龄的林木，其单株立木材积越大，表明林木生长的速度越快。松木壳体肥料施肥、香椿木壳体肥料施肥及直接施肥 3 种处理对桉树的材积生长影响存在差异(表 6-7)。结果表明，不同施肥处理对桉树材积生长有不同的影响。施肥后第 1～4 个月，松木壳体施肥、香椿木壳体施肥和直接施肥之间差异均不显著；施肥后第 5 至第 6、8 个月，香椿木壳体施肥和松木壳体施肥、直接施肥之间差异均不显著，松木壳体施肥和直接施肥之间差异显著。施肥 7 个月后，松木壳体施肥和香椿木壳体施肥之间差异不显著，直接施肥与松木壳体施肥、香椿木壳体施肥之间差异均显著；施肥后第 9～16 个月，松木壳体施肥和香椿木壳体施肥之间差异不显著，直接施肥与松木壳体施肥、香椿木壳体施肥之间差异均显著。

**表 6-7　壳体施肥对桉树材积生长的影响**

| 施肥方法 | 1 | 2 | 3 | 4 | 5 | 6 |
|---|---|---|---|---|---|---|
| 松木壳体 | 19.0±1.5a | 24.6±0.6a | 29.8±0.4a | 34.3±0.8a | 39.0±0.7a | 40.6±0.6a |
| 香椿木壳体 | 18.9±1.8a | 24.3±1.7a | 29.1±0.5a | 33.2±0.5a | 36.5±2.0ab | 38.7±1.8ab |
| 直接施肥 | 17.5±2.1a | 23.3±2.5a | 28.8±1.5a | 32.5±2.5a | 35.3±2.8b | 37.2±1.9b |
| 施肥方法 | 7 | 8 | 9 | 10 | 13 | 16 |
| 松木壳体 | 42.3±0.3a | 46.1±0.9a | 50.2±1.8a | 55.3±3.0a | 61.1±1.8a | 71.7±2.0a |
| 香椿木壳体 | 41.0±1.4a | 45.1±2.3ab | 49.7±2.0a | 54.2±2.6a | 64.8±2.5a | 78.7±3.3a |
| 直接施肥 | 38.5±1.2b | 41.7±1.0b | 44.9±1.1b | 47.9±1.5b | 53.4±2.1b | 58.5±1.5b |

注：表中数据表示材积大小，单位为 $10^{-3}m^3$/株。

## 6.3.2　壳体施肥对土壤营养元素的影响

### 6.3.2.1　对样地土壤 K 含量的影响

对桉树二代林样地的土壤进行测量，每 2 个月各个处理方法的样地土壤的 K 含量数据如表 6-8 所示。

**表 6-8 土壤中的 K 含量**

| 时间/月 | 松木壳体 $w(K)/10^{-2}$ | 香椿木壳体 $w(K)/10^{-2}$ | 直接施肥 $w(K)/10^{-2}$ |
|---|---|---|---|
| 0 | 0.24 | 0.25 | 0.25 |
| 2 | 0.22 | 0.24 | 0.23 |
| 4 | 0.24 | 0.26 | 0.25 |
| 6 | 0.25 | 0.25 | 0.25 |
| 8 | 0.24 | 0.24 | 0.23 |

如图 6-6 所示，经过松木壳体施肥、香椿木壳体施肥和直接施肥 3 种处理，不同时间后样地土壤中 K 含量的变化规律。从施肥试验开始后，第 2～8 个月，松木壳体、香椿木壳体和直接施肥 3 种方式测得土样中 K 含量的变化规律均呈现先增加再降低的趋势；第 2～4 个月，香椿木壳体施肥处理后土样中 K 的含量＞直接施肥处理后土样中 K 的含量＞松木施肥处理后土样中 K 的含量，说明前 4 个月香椿木肥料壳体施肥处理后 K 的释放较好；第 6～8 个月，松木施肥处理后土样中 K 的含量≥香椿木壳体施肥处理后土样中 K 的含量≥直接施肥处理后土样中 K 的含量；说明后 4 个月松木肥料壳体施肥处理 K 的释放较好；第 6 个月土壤中 K 含量最大。

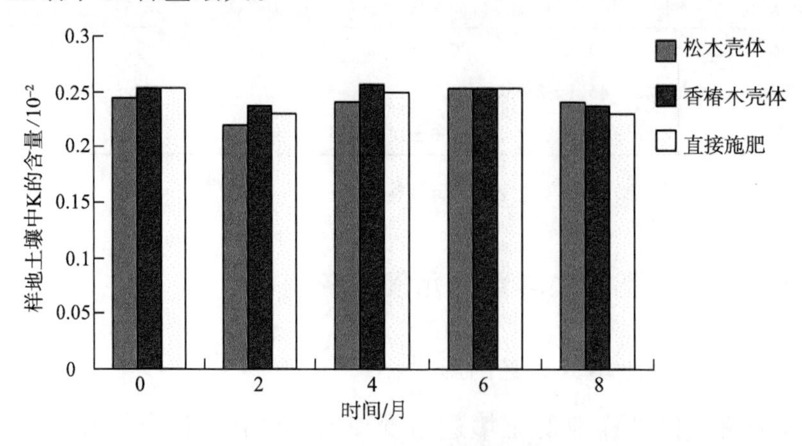


图 6-6 土壤中的 K 含量

通过对松木壳体施肥、香椿木壳体施肥和直接施肥 3 种施肥方式处理对土壤中 K 含量的影响进行方差分析和多重比较(表 6-9),结果表明,3 种施肥方式对土壤中 K 含量的影响差异均不显著。

**表 6-9　壳体施肥对土壤中 K 含量的影响**

| 施肥方法 | 2 个月 | 4 个月 | 6 个月 | 8 个月 |
| --- | --- | --- | --- | --- |
| 松木壳体 | 0.22±0.03a | 0.24±0.03a | 0.25±0.03a | 0.24±0.05a |
| 香椿木壳体 | 0.24±0.05a | 0.26±0.05a | 0.25±0.05a | 0.24±0.04a |
| 直接施肥 | 0.23±0.02a | 0.25±0.03a | 0.25±0.03a | 0.23±0.02a |

注:表中数据为土壤中 K 的含量 $w(\mathrm{K})/10^{-2}$。

#### 6.3.2.2　对样地土壤 N 含量的影响

对桉树二代林样地的土壤进行测量,每 2 个月各个处理方法的样地土壤的 N 含量数据如表 6-10 所示。

**表 6-10　土壤中 N 的含量**

| 时间/月 | 松木壳体 $w(\mathrm{N})/10^{-6}$ | 香椿木壳体 $w(\mathrm{N})/10^{-6}$ | 直接施肥 $w(\mathrm{N})/10^{-6}$ |
| --- | --- | --- | --- |
| 0 | 1 071.33 | 1 116.33 | 1 122.33 |
| 2 | 1 156.33 | 1 169.33 | 1 294.33 |
| 4 | 1 096.67 | 1 244.00 | 1 292.67 |
| 6 | 1 099.00 | 1 186.67 | 1 349.33 |
| 8 | 1 100.00 | 1 141.67 | 1 225.33 |

如图 6-7 所示,松木壳体施肥、香椿木壳体施肥和直接施肥 3 种处理后,不同时间后样地土壤中 N 含量的变化规律。松木壳体进行施肥试验的试验样地土样中 N 的含量变化呈现先微量增加后平缓的现象;香椿木壳体和直接施肥土样中 N 的含量均呈现先缓慢增加再降低的趋势;直接施肥土样中 N 的含量均大于松木壳体施肥和香椿木壳体施肥土样中 N 的含量,说明松木壳体和香椿木壳体对肥料具有缓释效果;香椿木壳体施肥土样中 N 的含量均稍大于松木壳体施肥土样中 N 的

含量，说明香椿木壳体 N 的释放效果较松木壳体好。

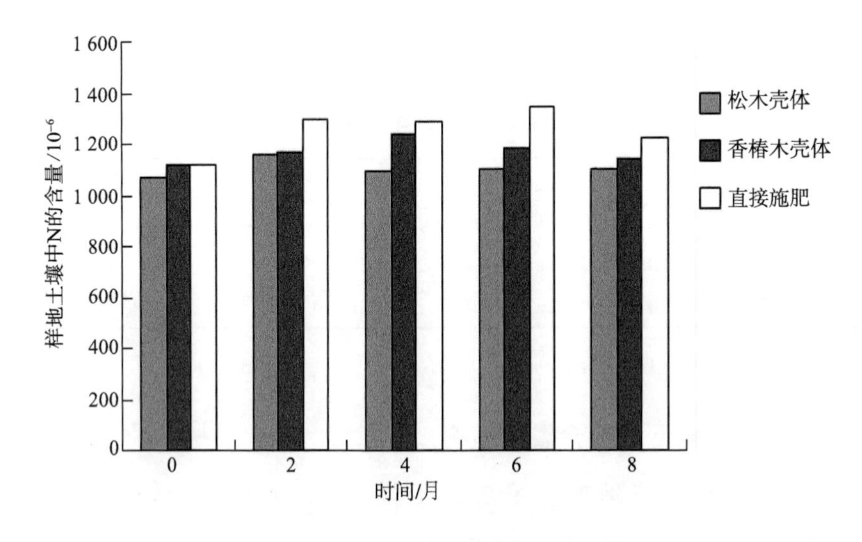


图 6-7　土壤中 N 的含量

通过对松木壳体施肥、香椿木壳体施肥和直接施肥 3 种施肥处理对土壤中 N 含量的影响进行方差分析和多重比较(表 6-11)，结果表明，3 种施肥方式对土壤中 N 含量的影响差异均不显著。

**表 6-11　壳体施肥对土壤中 N 含量的影响**

| 施肥方法 | 2 个月 | 4 个月 | 6 个月 | 8 个月 |
|---|---|---|---|---|
| 松木壳体 | 1 156.3±12.7a | 1 096.67±133.1a | 1 099.0±63.3a | 1 100.0±119.9a |
| 香椿木壳体 | 1 169.3±18.9a | 1 244.0±39.6a | 1 186.7±94.3a | 1 141.7±103.2a |
| 直接施肥 | 1 294.3±182.2a | 1 292.67±146.2a | 1 349.3±200.7a | 1 225.3±199.5a |

注：表中数据为土壤中 N 的含量 $w(N)/10^{-6}$。

### 6.3.2.3　对样地土壤 P 含量的影响

对桉树二代林样地的土壤进行测量，每 2 个月各个处理方法的样地土壤的 P 含量数据如表 6-12 所示。

表 6-12　土壤中 P 的含量

| 时间/月 | 松木壳体 $w(P)/10^{-6}$ | 香椿木壳体 $w(P)/10^{-6}$ | 直接施肥 $w(P)/10^{-6}$ |
|---|---|---|---|
| 0 | 286.67 | 313.33 | 324.67 |
| 2 | 323.33 | 337.00 | 341.00 |
| 4 | 290.00 | 328.00 | 332.67 |
| 6 | 326.33 | 338.33 | 375.00 |
| 8 | 298.67 | 326.00 | 332.00 |

如图 6-8 所示，松木壳体施肥、香椿木壳体施肥和直接施肥 3 种处理后，不同时间后样地土壤中 P 含量的变化规律。松木壳体进行施肥试验的试验样地土样中 P 的含量呈现先增加再降低再增加最后降低的规律；香椿木壳体土样中 P 的含量变化不明显；直接施肥土样中 P 的含量呈现先增加再降低的趋势；直接施肥样地土壤中 P 的含量＞香椿木壳体施肥土壤中 P 的含量＞松木壳体施肥土壤中 P 的含量，说明香椿木壳体 P 的释放效果较松木壳体好。

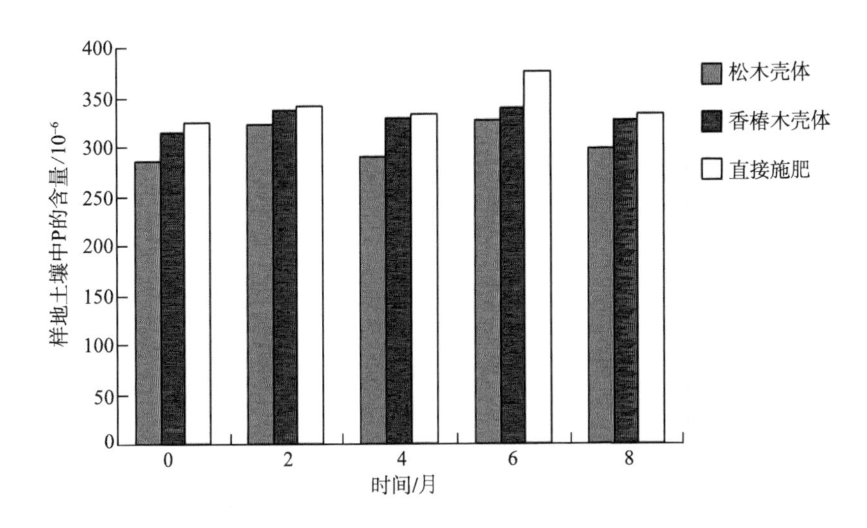


图 6-8　土壤中 P 的含量

通过对松木壳体施肥、香椿木壳体施肥和直接施肥 3 种施肥处理对土壤中P含量的影响进行方差分析和多重比较(表6-13),结果表明:施肥2个月后,三种施肥方式对土壤中P含量的影响差异不显著;施肥4个月后,松木壳体施肥分别和香椿木壳体施肥、直接施肥之间差异显著,香椿木壳体施肥和直接施肥之间差异不显著;施肥6个月后,3种施肥方式对土壤中P含量的影响差异不显著;施肥8个月后,松木壳体施肥分别和香椿木壳体施肥、直接施肥之间差异显著,香椿木壳体施肥和直接施肥之间差异不显著;说明松木壳体施肥与香椿木壳体施肥、直接施肥之间差异显著,直接施肥与香椿木壳体施肥之间均不显著。

**表6-13 壳体施肥对土壤中P含量的影响**

| 施肥方法 | 2个月 | 4个月 | 6个月 | 8个月 |
| --- | --- | --- | --- | --- |
| 松木壳体 | 323.3±44.9a | 290.0±35.1b | 326.3±51.2a | 298.7±26.6b |
| 香椿木壳体 | 337.0±34.4a | 328.0±18.4a | 338.3±26.1a | 326.0±29.5a |
| 直接施肥 | 341.0±4.3a | 332.7±13.6a | 375.0±38.5a | 332.0±16.1a |

## 6.3.3 壳体施肥对叶子营养元素的影响

### 6.3.3.1 对桉树叶子K含量的影响

对桉树二代林样地的叶子进行测量,每2个月各个处理方法的样地桉树叶子的K含量数据如表6-14所示。

**表6-14 叶子中K的含量**

| 时间/月 | 松木壳体 $w(K)/10^{-2}$ | 香椿木壳体 $w(K)/10^{-2}$ | 直接施肥 $w(K)/10^{-2}$ |
| --- | --- | --- | --- |
| 0 | 0.897 | 1.037 | 0.883 |
| 2 | 0.883 | 0.843 | 0.840 |
| 4 | 0.693 | 0.640 | 0.650 |
| 6 | 0.527 | 0.547 | 0.497 |
| 8 | 0.797 | 0.793 | 0.767 |

如图 6-9 所示，经过松木壳体施肥、香椿木壳体施肥和直接施肥 3 种处理，不同时间后桉树叶子中 K 含量的变化规律。松木壳体、香椿木壳体和直接施肥 3 种施肥方式，其样地中桉树的叶子 K 含量均呈现先降低后增加的现象。施肥开始至第 6 个月均呈现降低的趋势，第 8 个月增加；第 2 个月后，松木壳体施肥树叶中 K 的含量＞香椿木壳体施肥树叶中 K 的含量＞直接施肥样地树叶中 K 的含量，说明松木壳体 K 的释放效果较香椿木壳体好。

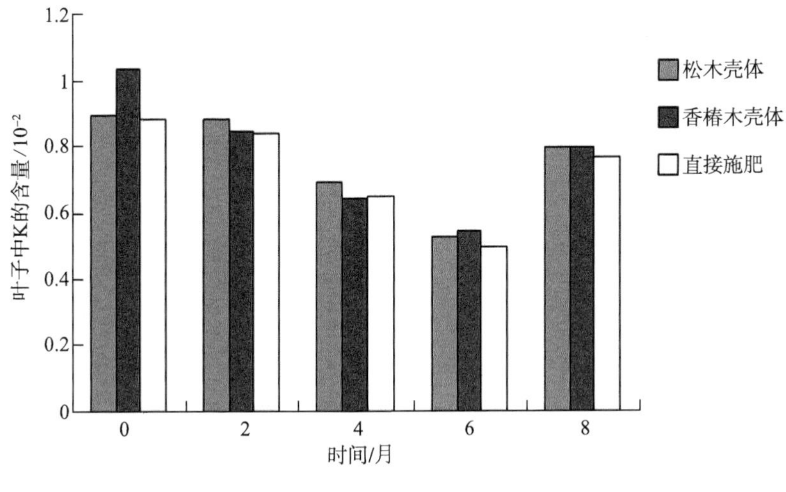


图 6-9　叶子中 K 的含量

通过对松木壳体施肥、香椿木壳体施肥和直接施肥 3 种施肥处理对桉树叶子中 K 含量的影响进行方差分析和多重比较(表 6-15)，结果表明：松木壳体施肥、香椿木壳体施肥和直接施肥 3 种施肥方式对桉树叶子 K 含量的影响均不显著。

**表 6-15　壳体施肥对桉树叶子中 K 含量的影响**

| 施肥方法 | 2 个月 | 4 个月 | 6 个月 | 8 个月 |
|---|---|---|---|---|
| 松木壳体 | 0.883±0.025a | 0.693±0.026a | 0.527±0.025a | 0.797±0.074a |
| 香椿木壳体 | 0.843±0.054a | 0.640±0.033a | 0.547±0.024a | 0.793±0.083a |
| 直接施肥 | 0.840±0.033a | 0.650±0.029a | 0.497±0.067a | 0.767±0.034a |

注：表中数据为叶子中的 K 含量 $w(\mathrm{K})/10^{-2}$。

#### 6.3.3.2　对桉树叶子 N 含量的影响

对桉树二代林样地的叶子进行测量，每 2 个月各个处理方法的样地桉树叶子的 N 含量数据如表 6-16 所示。

**表 6-16　叶子中 N 的含量**

| 时间/月 | 松木壳体 $w(N)/10^{-2}$ | 香椿木壳体 $w(N)/10^{-2}$ | 直接施肥 $w(N)/10^{-2}$ |
|---|---|---|---|
| 0 | 2.007 | 2.143 | 1.940 |
| 2 | 1.850 | 1.890 | 1.850 |
| 4 | 1.777 | 1.740 | 1.807 |
| 6 | 2.107 | 1.897 | 1.860 |
| 8 | 2.223 | 2.357 | 2.357 |

如图 6-10 所示，松木壳体施肥、香椿木壳体施肥和直接施肥 3 种处理后，不同时间后桉树叶子中 N 含量的变化规律。松木壳体、香椿木壳体和直接施肥 3 种施肥方式，其样地中桉树的叶子 N 含量均呈现先降低后增加的趋势。施肥开始至第 4 个月均呈现降低的趋势，第 6～8 个月呈现增加的趋势；第 8 个月达到最大。3 种施肥方式样地中桉树的叶子 N 含量相差不大。

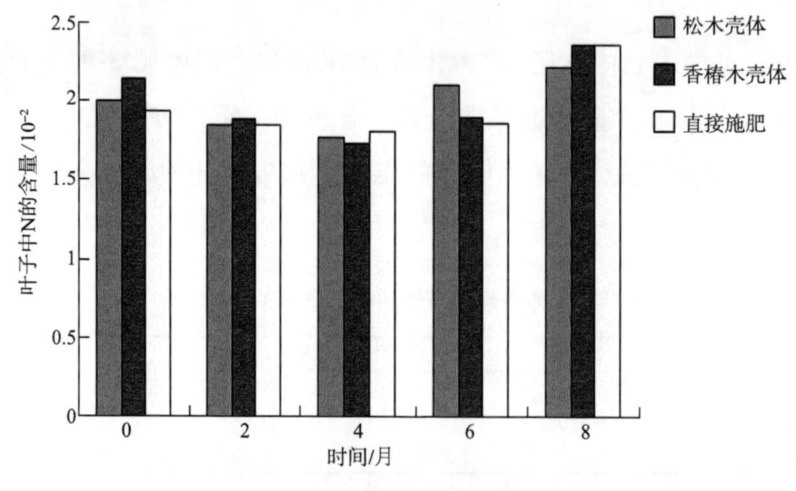


图 6-10　叶子中 N 的含量

通过对松木壳体施肥、香椿木壳体施肥和直接施肥 3 种施肥处理对桉树叶子中 N 含量的影响进行方差分析和多重比较(表 6-17)，结果表明：施肥处理第 2～4 个月，3 种施肥处理差异均不显著；施肥 6 个月后，松木壳体施肥分别与香椿木壳体施肥、直接施肥差异显著，香椿木壳体施肥和直接施肥差异不显著；施肥 8 个月后，3 种施肥处理差异均不显著。

**表 6-17　壳体施肥对桉树叶子中 N 含量的影响**

| 施肥方法 | 2 个月 | 4 个月 | 6 个月 | 8 个月 |
| --- | --- | --- | --- | --- |
| 松木壳体 | 1.850±0.014a | 1.777±0.097a | 2.107±0.026a | 2.223±0.196a |
| 香椿木壳体 | 1.890±0.051a | 1.740±0.071a | 1.897±0.078b | 2.357±0.062a |
| 直接施肥 | 1.850±0.014a | 1.807±0.037a | 1.860±0.086b | 2.357±0.046a |

注：表中数据为叶子中的 N 含量 $w(N)/10^{-2}$。

### 6.3.3.3　对桉树叶子 P 含量的影响

对桉树二代林样地的叶子进行测量，每 2 个月各个处理方法的样地桉树叶子的 P 含量数据如表 6-18 所示。

**表 6-18　叶子中 P 的含量**

| 时间/月 | 松木壳体 $w(P)/10^{-2}$ | 香椿木壳体 $w(P)/10^{-2}$ | 直接施肥 $w(P)/10^{-2}$ |
| --- | --- | --- | --- |
| 0 | 0.113 | 0.127 | 0.110 |
| 2 | 0.110 | 0.098 | 0.107 |
| 4 | 0.107 | 0.095 | 0.098 |
| 6 | 0.085 | 0.082 | 0.081 |
| 8 | 0.102 | 0.102 | 0.107 |

如图 6-11 所示，松木壳体施肥、香椿木壳体施肥和直接施肥 3 种处理后，不同时间后桉树叶子中 K 含量的变化规律。松木壳体、香椿木壳体和直接施肥 3 种施肥方式，其样地中桉树的叶子 P 含量均呈现先降低后增加的趋势。施肥开始至第 6 个月均呈现降低的趋势，第 8 个月

增加;第2个月后,松木壳体施肥树叶中P的含量>香椿木壳体施肥树叶中P的含量,说明松木壳体P的释放效果较香椿木壳体好。

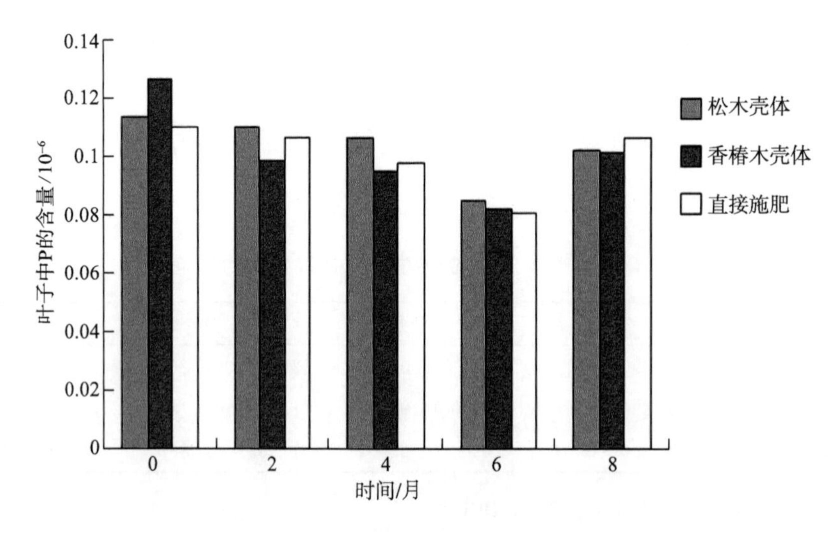


图 6-11 叶子中P的含量

通过对松木壳体施肥、香椿木壳体施肥和直接施肥3种施肥方式处理对桉树叶子中P含量的影响进行方差分析和多重比较(表6-19),结果表明:施肥2个月后,松木壳体施肥和香椿木壳体施肥之间差异显著,直接施肥分别与松木壳体施肥、香椿木壳体施肥比较差异不显著。施肥后第4~8个月,3种施肥方式之间差异均不显著。

**表 6-19 壳体施肥对桉树叶子中P含量的影响**

| 施肥方法 | 2 | 4 | 6 | 8 |
| --- | --- | --- | --- | --- |
| 松木壳体 | 0.11±0.000 1a | 0.106 7±0.009 4a | 0.085±0.003 7a | 0.102±0.014 0a |
| 香椿木壳体 | 0.098 3±0.002 4b | 0.095±0.004 1a | 0.082±0.001 6a | 0.101 7±0.006 0a |
| 直接施肥 | 0.106 7±0.004 7ab | 0.098±0.001 6a | 0.080 7±0.009 6a | 0.106 7±0.009 4a |

注:表中数据为叶子中P的含量 $w(P)/10^{-2}$。

# 6.4 小　　结

本章主要是将二次成型制备的松木壳体及香椿木壳体装载肥料在选取的桉树林木样地里进行施肥，主要分松木壳体肥料施肥、香椿木壳体肥料施肥及直接施肥 3 种处理方法，以研究壳体肥料的释放规律，验证壳体肥料的缓释效果，为壳体肥料应用于其他植物花卉的施肥作业及其产业化的发展打下基础。主要结论如下：

（1）松木壳体施肥、香椿木壳体施肥及直接施肥 3 种处理方法对桉树胸径、树高、材积的生长存在不同的影响，差异显著。前 3 个月，直接施肥处理桉树利用肥料的速率较松木壳体施肥和香椿木壳体施肥的速率快；第 2～5 个月，松木壳体施肥效果较香椿木壳体施肥好，松木壳体肥料释放较香椿木壳体快，以松木壳体施肥桉树生长速度较香椿木壳体施肥快；第 6～16 个月，香椿木壳体施肥效果较松木壳体施肥好，香椿木壳体后期对肥料的缓释效果较松木壳体好，香椿木壳体施肥后期桉树生长速度明显比松木壳体施肥桉树生长速度快。说明松木壳体和香椿木壳体对肥料养分的释放均具有缓释效果；前期松木壳体肥料释放速度较快，后期香椿木壳体肥料释放速率较快。

（2）松木壳体施肥、香椿木壳体施肥及直接施肥 3 种处理方法对土壤 K、N 和树叶 K 营养元素的影响差异不显著，对土壤 P 和树叶 N、P 营养元素的影响差异较显著。

# 第 7 章　壳体的降解特性研究

## 7.1　引　　言

前面采用室外林木施肥试验法研究壳体肥料释放规律，本章主要通过室外林木施肥降解和室内模拟降解两种试验方法研究松木壳体和香椿木壳体的降解特性。室内模拟降解试验包括控温控湿条件下壳体的降解、接种木腐菌条件下壳体的降解和添加土壤悬浮液条件下的降解。松木壳体和香椿木壳体进行室内模拟降解和林木施肥试验后，定期采集壳体样品带回实验室进行干燥、制样，采用傅里叶变换红外光谱(FTIR)和 X 射线衍射法(XRD)分析壳体降解特性；通过取样拍照的方式定期观察松木壳体和香椿木壳体在宏观上的室外降解规律过程，为指导实际林木施肥作业提供理论数据依据。

## 7.2　材料与方法

### 7.2.1　控温控湿条件下壳体的降解试验

#### 7.2.1.1　材料与方法

本试验中所使用的材料主要有：①松木壳体。②香椿木壳体。③其他，如玛瑙研钵、培养皿、蒸馏水、喷雾瓶、保鲜袋、保鲜膜等。

#### 7.2.1.2　主要仪器

本试验中所使用的仪器主要有：①平板硫化机（XLB100-D）；②搅拌机（DWD-268 型）；③圆锯机（MJ263$C_1$-28/45）；④恒温干燥箱；⑤生化培养箱（250B，金坛市医疗仪器厂）；⑥傅里叶变换红外光谱仪；⑦X 射线衍射仪；⑧其他，如电子天平、含水率测定仪等。

#### 7.2.1.3　试验方法

壳体的制造方法参照第 3 章 3.2.4 节，壳体的规格为 7cm×7cm×7cm。通过控制一定的温度（10℃、20℃、30℃）和湿度（60%～80%），将制作好的松木壳体和香椿木壳体放置在设定一定温度的恒温培养箱内，每隔 5 天用喷雾瓶对壳体进行补水，使壳体保持在一定的湿度条件下，每隔 2 个月分别取 20g 松木壳体和香椿木壳体样品于干燥皿内，并做好标记。把样品放在 100℃的恒温干燥箱内进行烘干 24 小时，将干燥好的壳体样品取出并用保鲜膜包好，然后进行傅里叶红外光谱和 X 射线衍射分析试验，处理数据分析壳体在控温控湿条件下的降解规律。

### 7.2.2　接种木腐菌条件下壳体的降解试验

#### 7.2.2.1　材料与方法

本试验中所使用的材料主要有：①松木壳体、香椿木壳体；②桦滴孔菌、木蹄层孔菌；③其他，如玛瑙研钵、培养皿、蒸馏水、酒精灯、酒精（75%）、药勺、打火机、镊子、接菌针、保鲜袋等。

#### 7.2.2.2　主要仪器

本试验中所使用的仪器主要有：恒温培养箱、无菌操作台、电冰箱、微波炉、恒温干燥箱、高温高压灭菌器、傅里叶变换红外光谱仪、X 射线衍射仪等。

#### 7.2.2.3　主要化学试剂

本试验中所使用的化学试剂主要有：葡萄糖、$KH_2PO_4$、$MgSO_4$ ·

$7H_2O$、维生素 $B_1$、琼脂等。

#### 7.2.2.4 试验方法

取松木壳体和香椿木壳体数个，在高温高压热蒸汽条件下，先对两种壳体进行灭菌处理，从市场上购买木蹄层孔菌（白色腐朽）和桦剥管菌（褐色腐朽）两种木腐菌，在无菌操作台上分别对松木材壳体和香椿木材壳体进行接菌试验，各接种 3 个样品，将接种好木腐菌的样品置于大培养皿上，用保鲜袋将装有样品的培养皿包好，以防被其他微生物、细菌污染。将接种上木腐菌的样品放置于 28℃的恒温培养箱内，使木腐菌在适宜的条件下生长。每隔 0.5 个月分别取 20g 松木壳体和香椿木壳体样本于干燥皿内，并做好标记。把样本放在 100℃的恒温干燥箱内进行烘干 24 小时，将干燥好的壳体样品取出并用保鲜膜包好，然后进行傅里叶红外光谱和 X 射线衍射分析试验，处理数据分析松木材壳体和香椿木材壳体的降解规律。

### 7.2.3 滴加土壤悬浮液条件下壳体的降解试验

#### 7.2.3.1 材料与方法

本试验中所使用的材料主要有：①松木壳体、香椿木壳体；②土壤悬浮液；③其他，如培养皿、蒸馏水、烧杯、药勺、镊子、保鲜袋、玛瑙研钵等。

#### 7.2.3.2 主要仪器

本试验中所使用的仪器主要有：恒温干燥箱、傅里叶变换红外光谱仪、X 射线衍射仪等。

#### 7.2.3.3 试验方法

从室外的试验基地采集土壤样本，加一定量的蒸馏水制成土壤悬浮液，准备松木材壳体和香椿木材壳体各 3 个，每个壳体样品加 3～5

滴土壤悬浮液，将壳体放置在室温条件下，进行降解试验。每隔 2 个月分别取 20g 松木壳体和香椿木壳体样本于干燥皿内，把样本放在 100℃的恒温干燥箱内进行烘干 24 小时，将试样取出并用保鲜膜包好，然后进行傅里叶红外光谱和 X 射线衍射分析试验，处理数据得出松木壳体和香椿木壳体的降解规律。

### 7.2.4　林木施肥壳体的降解试验

#### 7.2.4.1　材料与方法

本试验中所使用的材料主要有：①松木壳体。②香椿木壳体。③其他，如绳子、塑料大桶、保鲜袋、封口袋、锄头、刀等。

#### 7.2.4.2　主要仪器

本试验中所使用的仪器主要有：①平板硫化机（XLB100-D）；②搅拌机（DWD-268 型）；③圆锯机（MJ263$C_1$-28/45）；④含水率测定仪；⑤分光光度计；⑥任意点测高仪；⑦火焰光度计；⑧其他，如电磁炉、电子天平、热熔枪、烧杯、容量瓶、量筒、漏斗、玻璃棒、移液枪、移液管、钢尺等。

#### 7.2.4.3　试验方法

试验方案如第 6 章 6.2.5 节所示，将壳体装载肥料进行林木施肥试验，研究自然降雨或自然土壤水分条件下壳体的降解规律。每隔 1 个月对试验林地的桉树林木进行测量胸径、树高和材积，同时各采集针叶材和阔叶材制成 4 个壳体样本，带回实验室进行傅里叶红外光谱分析以及 X 射线衍射分析，通过测定林木的生长量变化规律，了解壳体施肥的作用与效果，通过傅里叶红外光谱及 X 射线衍射分析壳体的降解规律。

### 7.2.5 傅里叶红外光谱法分析壳体降解试验

木材剩余物主要由纤维素、半纤维素和木质素3种天然有机高分子物质组成。纤维素的主要红外敏感基团为羟基，半纤维素的红外敏感基团有乙酰基、羧基等，木质素中含有羧基C=O、甲氧基$CH_3O$、碳碳双键C=C、苯环和羟基OH等多种红外敏感基团，因此可以通过傅里叶红外光谱测量壳体的降解特性。

#### 7.2.5.1 实验材料

本试验中所使用的材料主要有：松木壳体、香椿木壳体、玛瑙研钵、筛网(100目)、溴化钾KBr、称量纸、药勺、干燥皿、保鲜膜、剪刀、锭片等。

#### 7.2.5.2 实验仪器

本试验中所使用的仪器主要有：傅里叶变换红外光谱仪(图7-1)、红外灯干燥器、电子秤、恒温干燥箱、压片机等。

图7-1 傅里叶变换红外光谱仪

#### 7.2.5.3 试验方法

分别取松木壳体、香椿木壳体样品约20g放于干燥皿内，将样品放置在100℃的恒温干燥箱内进行烘干24小时，然后将干燥好的试样用保鲜膜包好放入干燥器中，进行制样，先将溴化钾置于玛瑙研钵中研磨至粉末状，分别取 0.1～0.3mg 干燥好的松木壳体、香椿木壳体样品于玛瑙研钵中，称取 10～30mg 的溴化钾粉末，将溴化钾粉末加入研钵中与样品混合均匀后进行研磨，把样品研磨至平均颗粒大小约 2μm 的粉末。样品的适宜浓度最终只能由试验来确定，研磨操作需在红外灯下进行以防止吸潮。将研磨均匀的样品——基质混合物水平铺装于模具上，把放好样品的模具装入压片机，按照压片机操作方法将样品压制成 0.1～0.3mm 厚的透明锭片，最好将透明锭片置于 FTIR 中进行光谱测定分析。

## 7.2.6　X 射线衍射法分析壳体降解试验

### 7.2.6.1　实验材料

本试验中所使用的材料主要有：松木壳体、香椿木壳体、玛瑙研钵、筛网(100 目)、干燥皿、密封袋、筛网(100 目)、玻璃板等。

### 7.2.6.2　实验仪器

本试验中所使用的仪器主要有：X 射线衍射仪(图 7-2)、恒温干燥箱、红外灯干燥器等。

(a) X射线衍射仪

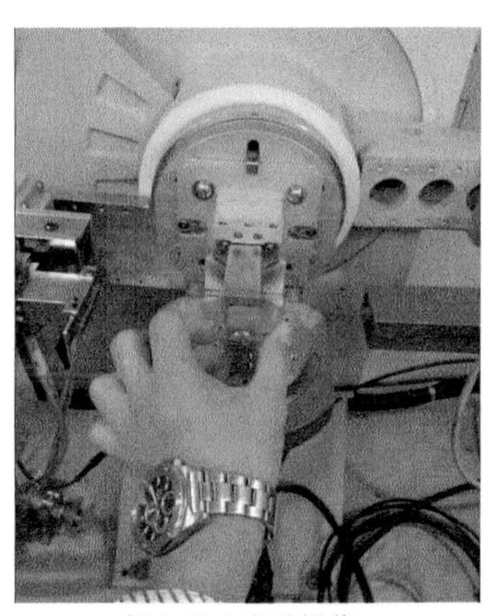

(b) XRD实验操作

图 7-2　X 射线衍射试验

#### 7.2.6.3 试验方法

分别取松木壳体、香椿木壳体样品约20g放于干燥皿内，将样品放置在100℃的恒温干燥箱内进行烘干24小时，然后将干燥好的试样用保鲜膜包好放入干燥器中，进行制样，取5～10g干燥好的壳体样品于玛瑙研钵中进行研磨制样，研磨操作需在红外灯下进行以防止吸潮。研磨好后通过100目筛，筛选出<100目的壳体样品。将研磨好的样品木粉平铺到载物玻片的凹槽内，使用光滑平整的玻璃板将样品均匀压紧，压成薄片。把高出凹槽内样品板面以及载物玻片槽外多余的粉末刮去，再用玻璃板将样品表面压至与载物玻片板面一样平整、光滑即可。然后做2θ的强度曲线，样品扫描范围5°～45°(2θ)角，每个样品分2次采样，取平均值。

#### 7.2.6.4 相对结晶度计算方法

相对结晶度的计算公式为

$$C_rI=(I_{002}-I_{am})/I_{002}\times 100\%$$

式中$C_rI$表示相对结晶度的百分率；$I_{002}$表示(002)晶格衍射角的极大强度(任意单位)，也就是结晶区的衍射强度；$I_{am}$代表2θ角接近18°时非结晶背景衍射的散射强度(图7-3)。

## 7.3 结果与分析

### 7.3.1 控温控湿条件下壳体的降解规律

#### 7.3.1.1 10℃条件下壳体降解FTIR及XRD分析

(1)10℃恒温培养箱条件下松木壳体模拟降解FTIR及XRD分析如下所示：

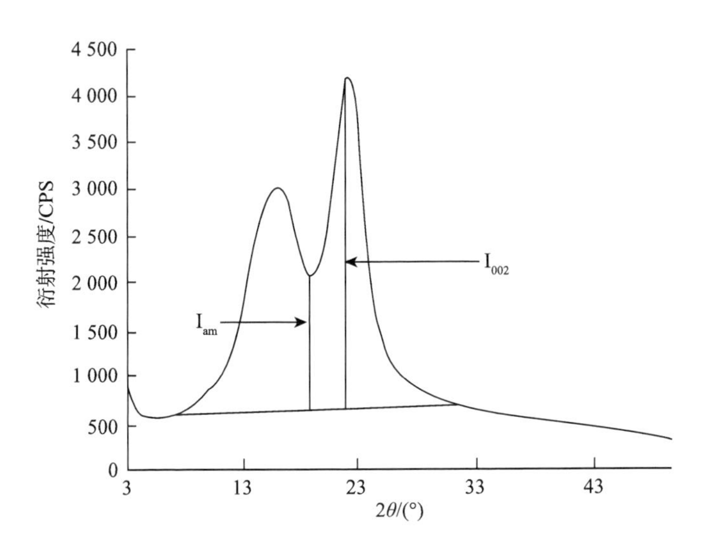


图 7-3　Turley 法求相对结晶度

图 7-4 为松木壳体在 10℃恒温培养箱条件下模拟降解 6 个月的 FTIR 图谱，FTIR 图谱中主要吸收峰的归属如下：3 650～3 020cm$^{-1}$处为 O—H 伸缩振动；2 810～2 980cm$^{-1}$处为 C=H 伸缩振动，是纤维素

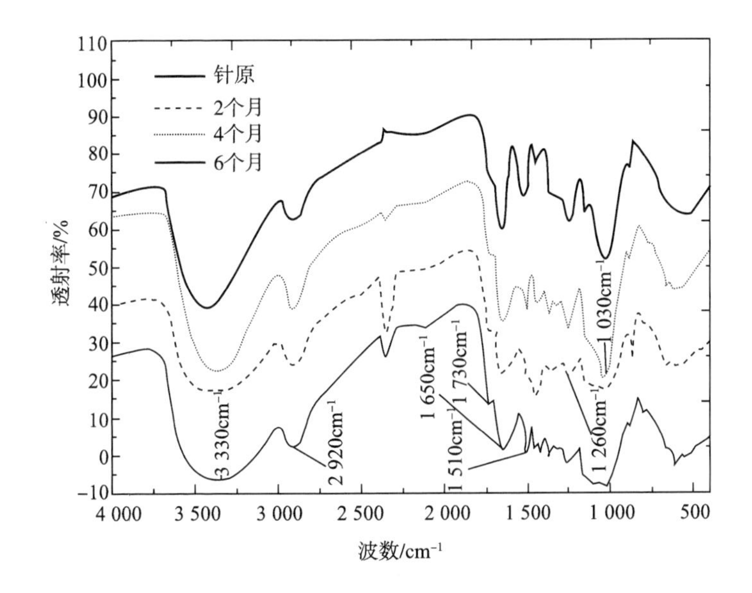


图 7-4　松木壳体 10℃降解 FTIR 图谱

特征吸收峰；1 730cm$^{-1}$处为半纤维素的 C=O(羧基和乙酰基上)的伸缩振动吸收峰；1650cm$^{-1}$处为 C=O 伸缩振动，是木质素中的共轭羰基特征峰；1 510cm$^{-1}$处为芳香族骨架特征峰振动和 C=O 伸缩振动(木质素)；1 260cm$^{-1}$与 1 030cm$^{-1}$处均为愈创木基特征峰。

从图 7-4 可得，与未降解松木壳体相比，松木壳体在 10℃恒温培养箱条件下模拟降解 6 个月，在波数为 1 800～4 000cm$^{-1}$范围内，木材主成分的红外敏感基团变化较少，主要差异体现在波数为 400～1 800cm$^{-1}$的范围内。根据木材主要吸收峰归属分析可得(下同)，纤维素的特征吸收峰为 2 920cm$^{-1}$，附近吸收峰微减弱，说明松木壳体纤维素发生少量降解；在吸收峰 1 730cm$^{-1}$处，吸收峰逐渐消失，说明半纤维素发生降解，降解速度较快；吸收峰(1 650cm$^{-1}$)增强，表明在微生物降解过程中，有共轭羰基 C=O 的生成，氧化过程是降解中的主要过程；在吸收峰(1 260cm$^{-1}$)与 1 030cm$^{-1}$附近，壳体降解 6 个月，吸收峰有增强，说明微生物降解其他结构的木质素多于愈创木基型木质素。结果说明松木壳体在 10℃恒温培养箱条件下降解 6 个月，其主成分纤维素、半纤维素和木质素均发生了比较缓慢的降解。

图 7-5 为松木壳体在 10℃恒温培养箱条件下模拟降解 6 个月 X 射线衍射曲线的变化及相对结晶度的变化，结果表明：松木壳体降解 6 个月后，其相对结晶度变化不大，与未处理样品相比，相对结晶度降低了 9.8%，与 FTIR 分析结果一致。

(2)10℃恒温培养箱条件下香椿木壳体模拟降解 FTIR 及 XRD 分析如下所示：

图 7-6 为香椿木壳体在 10℃恒温培养箱条件下模拟降解 6 个月的 FTIR 图谱，FTIR 图谱中主要吸收峰的归属如下：3 650～3 020cm$^{-1}$处为 O—H 伸缩振动；2 810～2 980cm$^{-1}$处为纤维素 C=H 伸缩振动；1 640cm$^{-1}$处为 C=O 伸缩振动，为木质素中的共轭羰基特征峰；在

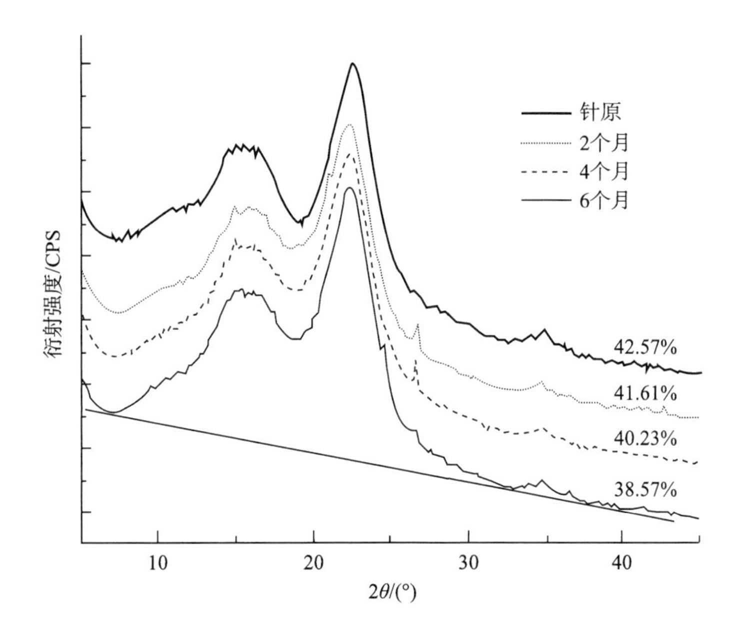


图 7-5　松木壳体 10℃降解 XRD 曲线

1 460cm$^{-1}$附近为甲基 C—H 的变形，属于聚木糖与木质素中的 $CH_2$ 基团的形变振动（半纤维素，木质素）；1 240cm$^{-1}$苯环骨架振动，属于愈创木型结构的吸收峰；1 050cm$^{-1}$处是纤维素和半纤维素中的 C—O 基团的伸缩振动；而 897cm$^{-1}$处则为纤维素 B 链的特征以及苯环平面之外的 C—H 振动（纤维素、木质素）。

从图 7-6 可得，与未降解壳体相比，香椿木壳体在 10℃恒温培养箱条件下模拟降解 6 个月，纤维素的特征吸收峰为 2 920cm$^{-1}$附近吸收峰稍微减弱，说明香椿木壳体纤维素发生少量降解；吸收峰（1 650cm$^{-1}$）减弱，表明木质素发生降解，共轭羰基减少；在吸收峰（1 240cm$^{-1}$）附近，壳体降解 6 个月，吸收峰无明显变化，说明木质素未发生降解后；吸收峰 1 050cm$^{-1}$处有减弱，说明壳体半纤维素和纤维素发生降解；结果说明香椿木壳体在 10℃恒温培养箱条件下降解 6 个月，其主成分纤维素和半纤维素发生少量降解，而木质素未发生降解。

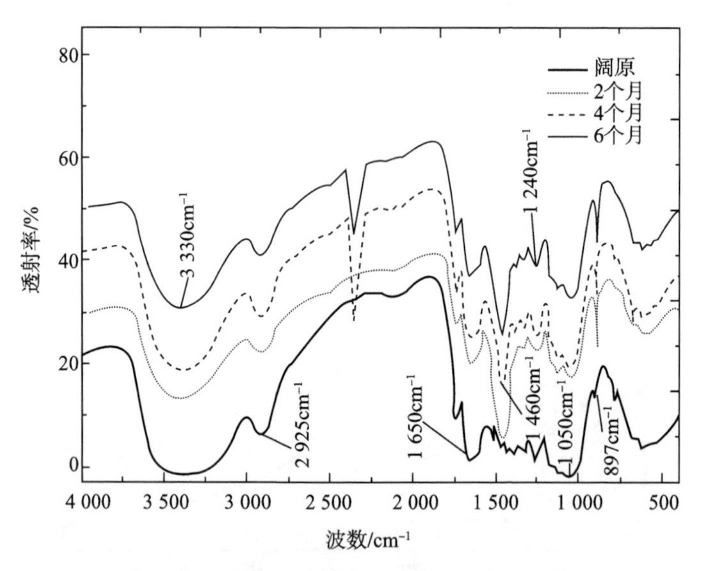


图 7-6 香椿木壳体 10℃降解 FTIR 图谱

图 7-7 为香椿木壳体在 10℃恒温培养箱条件下模拟降解 6 个月 X 射线衍射曲线的变化及相对结晶度的变化，结果表明：降解 6 个月后，香椿木壳体的相对结晶度变化较小，与未处理样品相比，相对结晶度降低了 8.6%，与 FTIR 分析结果一致。

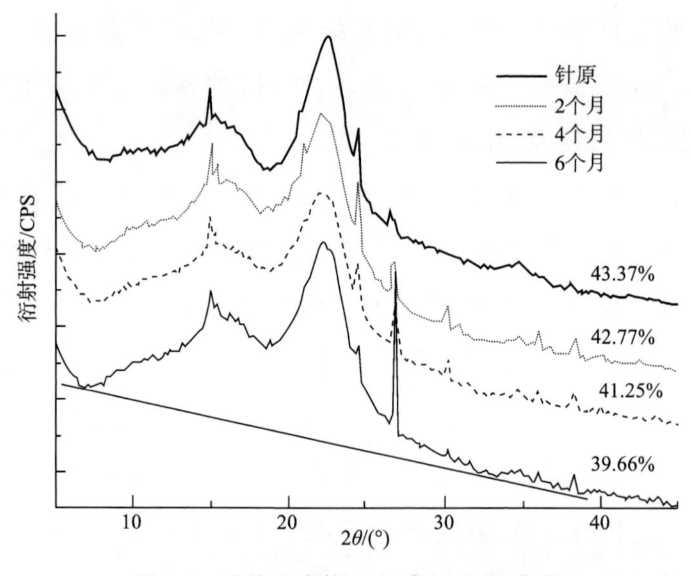


图 7-7 香椿木壳体 10℃降解 XRD 曲线

#### 7.3.1.2　20℃条件下壳体降解FTIR及XRD分析

(1)20℃恒温培养箱条件下松木壳体模拟降解FTIR及XRD分析如下所示：

图7-8为松木壳体在20℃恒温培养箱条件下模拟降解6个月的FTIR图谱，FTIR图谱中主要吸收峰的归属如下：3 650～3 020$cm^{-1}$处为O—H伸缩振动；2 810～2 980$cm^{-1}$处为C═H伸缩振动；1 650$cm^{-1}$处为C═O伸缩振动，是木质素中的共轭羰基特征峰；1 260$cm^{-1}$与1 030$cm^{-1}$处均为愈创木基特征峰。

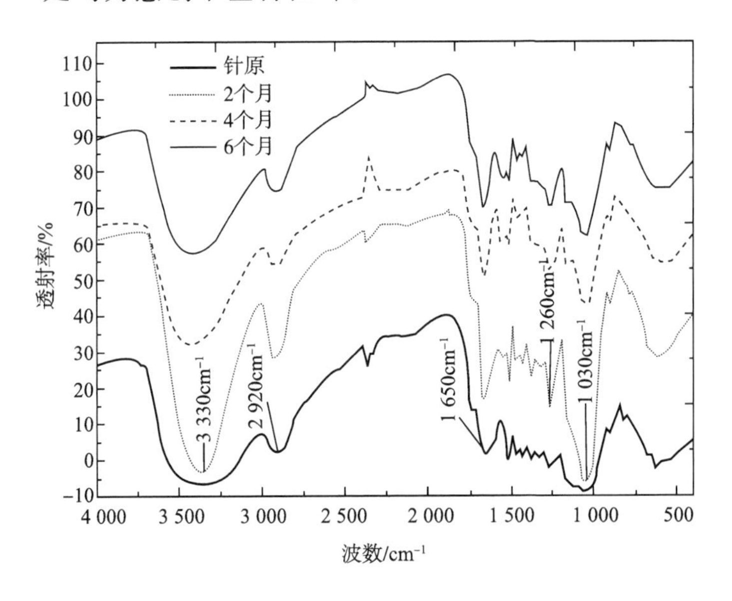


图7-8　松木壳体20℃降解FTIR图谱

从图7-8中可以看出，与未降解木材相比，松木壳体在20℃恒温培养箱条件下模拟降解6个月，纤维素的特征吸收峰为2 920$cm^{-1}$时附近吸收峰变弱，说明松木壳体纤维素有少量的降解；吸收峰(1 650$cm^{-1}$)减弱，表明木质素发生降解，共轭羰基减少；吸收峰1 260$cm^{-1}$和1 030$cm^{-1}$处，愈创木基特征峰减弱，说明木质素愈创木基型结构发生降解。结果说明松木壳体在20℃恒温培养箱条件下模拟降解6个月，其主成分纤维素、半纤维素和木质素均发生了不同程度的降解。

图 7-9 为松木壳体在 20℃恒温培养箱条件下模拟降解 6 个月 X 射线衍射曲线的变化及相对结晶度的变化，结果表明：降解 6 个月后，松木壳体的相对结晶度变化较大，与未处理样品相比，相对结晶度降低了 12.0%，与 FTIR 分析结果一致。

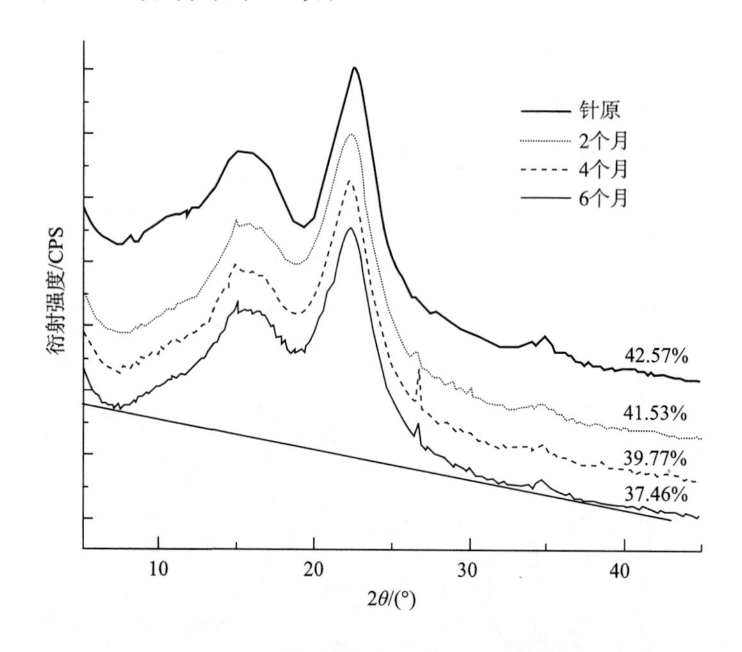


图 7-9　松木壳体 20℃降解 XRD 曲线

(2)20℃恒温培养箱条件下香椿木壳体模拟降解 FTIR 及 XRD 分析如下所示：

图 7-10 为香椿木壳体在 20℃恒温培养箱条件下模拟降解 6 个月的 FTIR 图谱，FTIR 图谱中主要吸收峰的归属如下：3 650～3 020cm$^{-1}$ 处为 O—H 伸缩振动；2 810～2 980cm$^{-1}$ 处为 C=H 伸缩振动；1 640cm$^{-1}$处为 C=O 伸缩振动，是木质素中的共轭羰基特征峰；1 450cm$^{-1}$附近属于甲基 C—H 的变形，聚木糖与木质素中的 $CH_2$形变振动(半纤维素，木质素)；1 240cm$^{-1}$处是芳基醚、芳基脂肪基醚的

C—O伸缩振动；1 050cm$^{-1}$处为纤维素和半纤维素中的C—O伸缩振动；897cm$^{-1}$处为纤维素B链的特征以及木质素中苯环平面之外的C—H振动。

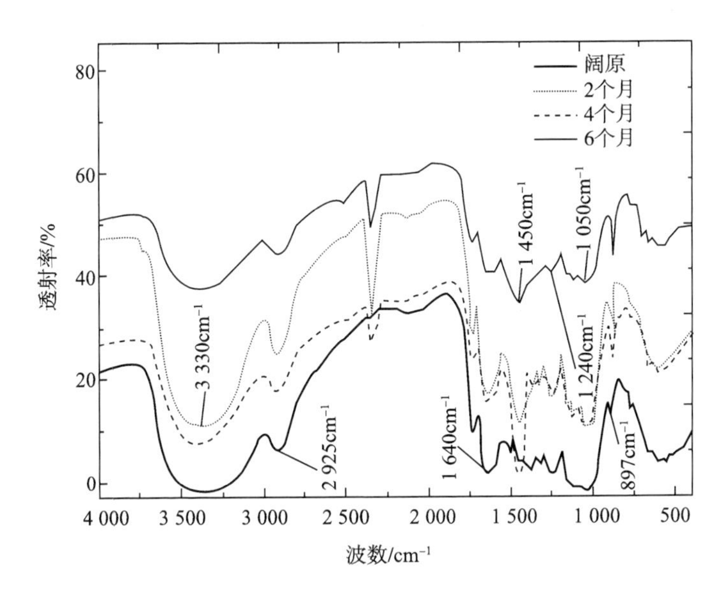


图 7-10　香椿木壳体 20℃降解 FTIR 图谱

从图7-10得，与未降解壳体相比，香椿木壳体在20℃恒温培养箱条件下模拟降解6个月，纤维素的特征吸收峰为2 925cm$^{-1}$附近吸收峰减弱，说明香椿木壳体纤维素发生少量降解；吸收峰（1 640cm$^{-1}$）减弱，木质素中的共轭羰基C=O伸缩振动减弱，说明木质素发生缓慢降解；在吸收峰（1 450cm$^{-1}$）附近，吸收峰减弱，说明木质素发生降解后，聚糖中的$CH_2$减少形变振动；吸收峰1 050cm$^{-1}$处有减弱，说明壳体半纤维素和纤维素发生降解；结果说明香椿木壳体在20℃恒温培养箱条件下模拟降解6个月，其主成分纤维素、半纤维素和木质素均发生少量降解。

图7-11为香椿木壳体在20℃恒温培养箱条件下模拟降解6个月X射线衍射曲线的变化及相对结晶度的变化，结果表明：降解6个月

后，香椿木壳体的相对结晶度变化较小，与未处理样品相比，相对结晶度降低了 11.5%，与 FTIR 分析结果一致。

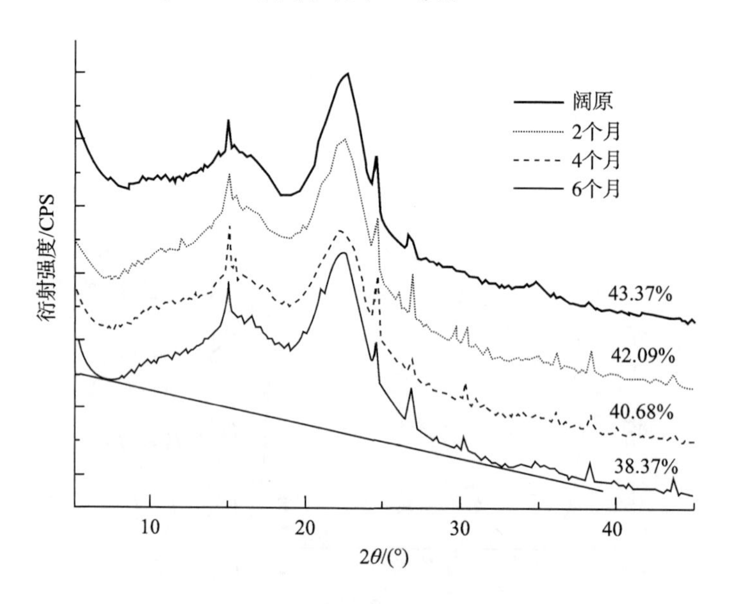


图 7-11　香椿木壳体 20℃降解 XRD 曲线

#### 7.3.1.3　30℃条件下壳体降解 FTIR 及 XRD 分析

(1)30℃恒温培养箱条件下松木壳体降解 FTIR 及 XRD 分析如下所示：

图 7-12 为松木壳体在 30℃恒温培养箱条件下模拟降解 6 个月的 FTIR 图谱，FTIR 图谱中主要吸收峰的归属如下：3 650～3 020cm$^{-1}$处为 O—H 伸缩振动；2 810～2 980cm$^{-1}$处为 C=H 伸缩振动；1 650cm$^{-1}$处是 C=O 伸缩振动，为木质素中的共轭羰基特征峰；在 1510cm$^{-1}$处，为芳香族骨架特征峰；1 260cm$^{-1}$与 1 030cm$^{-1}$处均为愈创木基特征峰。

从图 7-12 可得，与未降解木材相比，松木壳体在 30℃恒温培养箱条件下模拟降解 6 个月，纤维素的特征吸收峰为 2 920cm$^{-1}$，附近吸收峰变弱，说明松木壳体纤维素发生降解；吸收峰(1 650cm$^{-1}$)减弱，表明木质素发生降解，共轭羰基减少；吸收峰 1 510cm$^{-1}$处，代表芳香族骨架振动减弱，说明木质素结构发生降解；吸收峰1 260cm$^{-1}$和1 030cm$^{-1}$处，代表愈创木基特征峰有增强，说明降解其他结构木质素比愈创木基型结构多。结果说明松木壳体在 30℃恒温培养箱条件下模拟降解 6 个月，其主成分纤维素、半纤维素和木质素均发生了不同程度的降解。

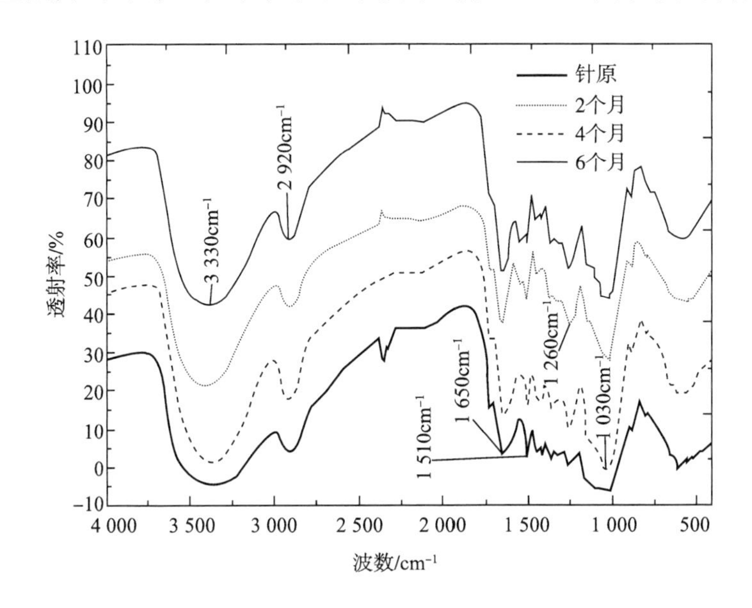


图 7-12　松木壳体 30℃降解 FTIR 图谱

图 7-13 为松木壳体在 30℃恒温培养箱条件下模拟降解 6 个月 X 射线衍射曲线的变化及相对结晶度的变化，结果表明：松木壳体在降解 4 个月后的相对结晶度变化较大，与未处理样品相比，降解 6 个月时相对结晶度降低了 17.9%，与 FTIR 分析结果一致。

(2)30℃恒温培养箱条件下香椿木壳体降解 FTIR 及 XRD 分析如下所示：

图 7-14 为香椿木壳体在 30℃恒温培养箱条件下模拟降解 6 个月的 FTIR 图谱，FTIR 图谱中主要吸收峰的归属如下：3 650～3 020cm$^{-1}$处为 O—H 伸缩振动；2 810～2 980cm$^{-1}$ 处为 C=H 伸缩振动；1 640cm$^{-1}$处为 C=O 的伸缩振动，是木质素中的共轭羰基特征峰；

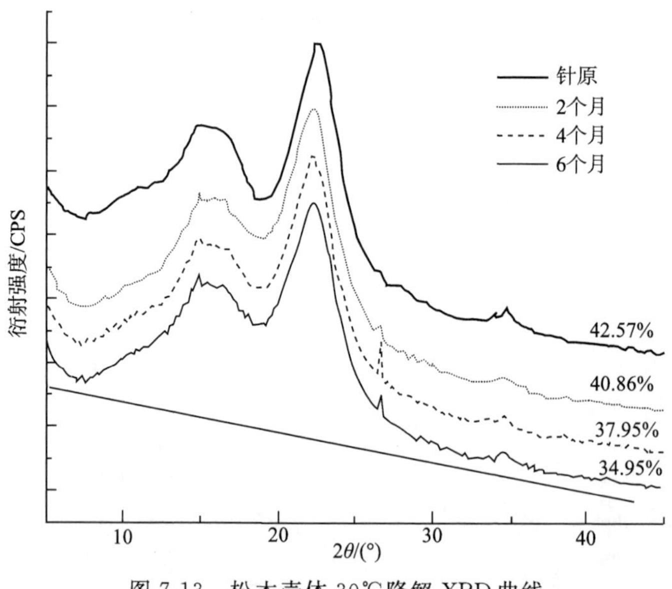


图 7-13　松木壳体 30℃降解 XRD 曲线

1 460cm$^{-1}$附近为甲基 C—H 的变形，聚木糖与木质素中的 $CH_2$基团的形变振动（半纤维素，木质素）；1 240cm$^{-1}$芳基醚、芳基脂肪基醚的 C—O 伸缩振动；1 050cm$^{-1}$处为纤维素和半纤维素中的 C—O 伸缩振动；897cm$^{-1}$处为纤维素 B 链的特征以及木质素中苯环平面之外的 C—H 振动。

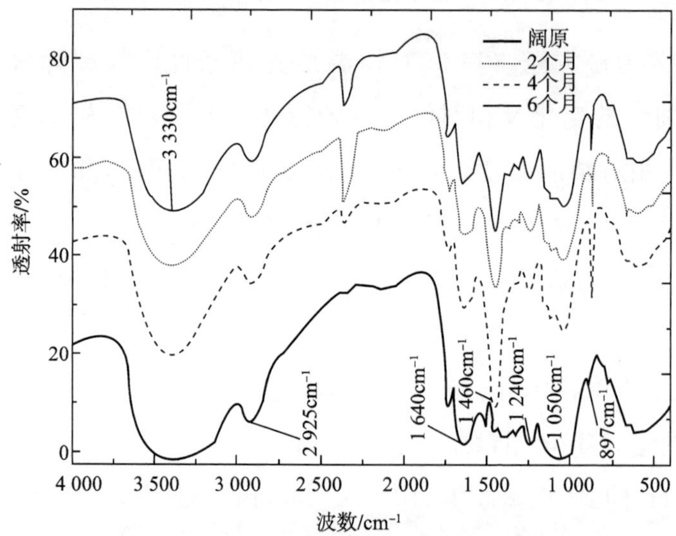


图 7-14　香椿木壳体 30℃降解 FTIR 图谱

从图 7-14 可得，与未降解壳体相比，香椿木肥料壳体在 30℃恒温培养箱条件下模拟降解 6 个月，纤维素的特征吸收峰为 2 920cm$^{-1}$附近吸收峰减弱，说明香椿木壳体纤维素发生少量降解；吸收峰(1 640cm$^{-1}$)减弱，木质素中的共轭羰基 C＝O 伸缩振动减弱，说明木质素发生缓慢降解；在吸收峰(1 460cm$^{-1}$)附近，吸收峰减弱，说明木质素发生降解后，聚糖中的 $CH_2$减少形变振动；吸收峰 1 050cm$^{-1}$处有减弱，说明壳体半纤维素和纤维素发生降解；结果说明香椿木肥料壳体在 30℃恒温培养箱条件下模拟降解 6 个月，其主成分纤维素、半纤维素和木质素均发生较多降解。

图 7-15 为香椿木壳体在 30℃恒温培养箱条件下模拟降解 6 个月 X 射线衍射曲线的变化及相对结晶度的变化，结果表明：降解 6 个月后，香椿木壳体的相对结晶度变化较大，与未处理样品相比，相对结晶度降低了 14.1％，与 FTIR 分析结果一致。

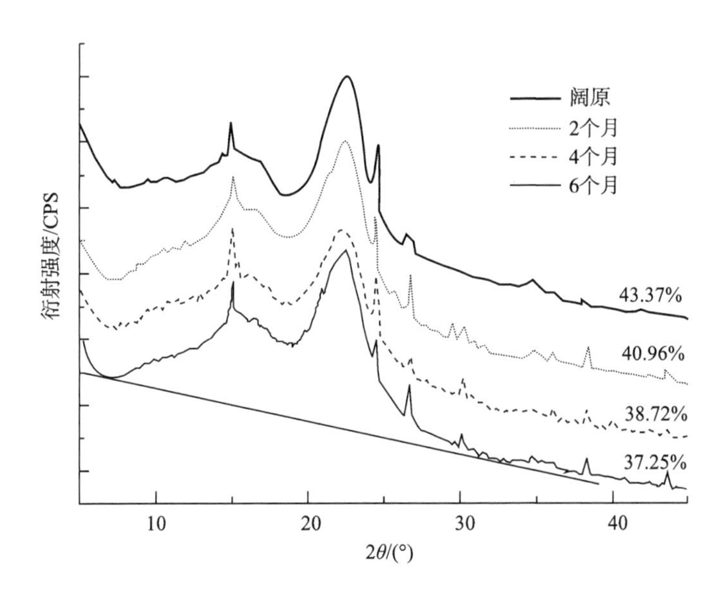


图 7-15　香椿木壳体 30℃降解 XRD 曲线

## 7.3.2 接种木腐菌条件下壳体的降解规律

### 7.3.2.1 木蹄层孔菌降解壳体结果分析

(1)松木壳体接种木蹄层孔菌降解 FTIR 及 XRD 分析如下所示:

图 7-16 为松木壳体在接种木蹄层孔菌的条件下模拟降解 2 个月的 FTIR 图谱,结果表明:FTIR 图谱中主要吸收峰的归属如下:3 650～3 020cm$^{-1}$处为 O—H 伸缩振动;2 810～2 980cm$^{-1}$处为 C=H 伸缩振动;1 650cm$^{-1}$处为 C=O 伸缩振动,是木质素中的共轭羰基特征峰;1 030cm$^{-1}$处为愈创木基特征峰。

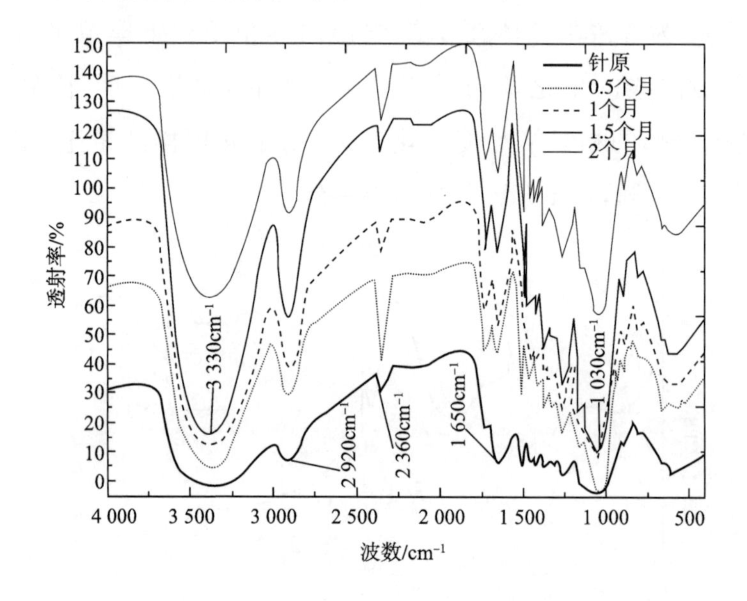


图 7-16 木蹄层孔菌降解松木壳体 FTIR 图谱

从图 7-16 可得,与未降解壳体相比,在接种木蹄层孔菌的条件下模拟降解 2 个月,吸收峰(1 650cm$^{-1}$)处减弱,表明木质素发生降解,共轭羰基减少;在吸收峰(1 030cm$^{-1}$)附近,吸收峰增强,说明木质素发生降解后,C—O 伸缩振动增强;结果说明松木壳体在接种木蹄层孔菌的条件下模拟降解 2 个月,木质素发生了较慢降解。

图 7-17 为松木壳体在接种木蹄层孔菌后降解 2 个月 X 射线衍射曲线及相对结晶度的变化，结果表明：松木壳体在降解 2 个月后的相对结晶度变化较小，与未处理样品相比，降解 2 个月时相对结晶度降低了 10.1%，与 FTIR 分析结果一致。

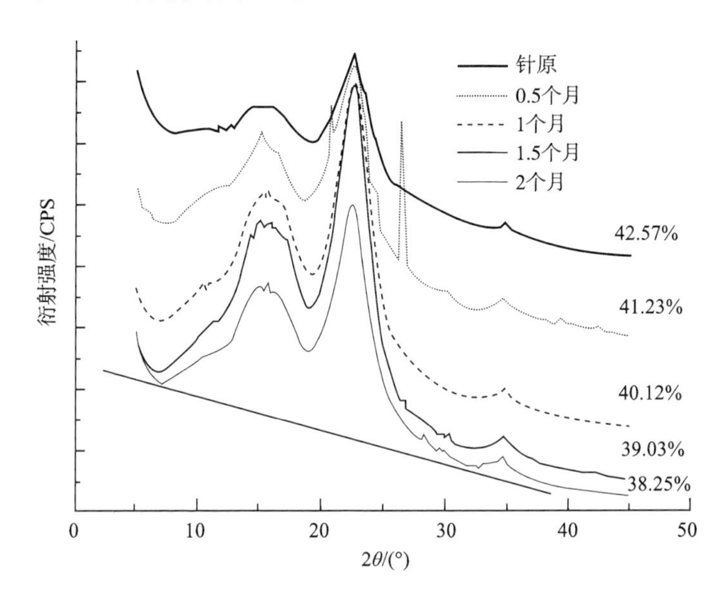


图 7-17　木蹄层孔菌降解松木壳体 XRD 曲线

（2）香椿木壳体接种木蹄层孔菌降解 FTIR 及 XRD 分析如下所示：

图 7-18 为香椿木壳体在接种木蹄层孔菌的条件下模拟降解 2 个月的 FTIR 图谱，结果表明：FTIR 图谱中主要吸收峰的归属如下：3 650～3 020cm$^{-1}$处为 O—H 伸缩振动；2 810～2 980cm$^{-1}$处为 C═H 伸缩振动；1 650cm$^{-1}$处为 C═O 伸缩振动，木质素中的共轭羰基特征；1 230cm$^{-1}$处为酚类 C—O 伸缩振动；1 030cm$^{-1}$处为愈创木基特征峰。

从图 7-18 可得，与未降解壳体相比，在接种木蹄层孔菌的条件下模拟降解 2 个月，吸收峰为 2 920cm$^{-1}$附近吸收峰减弱，说明香椿木壳体纤维素发生少量降解；吸收峰（1 650cm$^{-1}$）减弱，表明木质素发生降解，共轭羰基减少；1 230cm$^{-1}$处吸收峰减弱；说明木质素发生降解；在

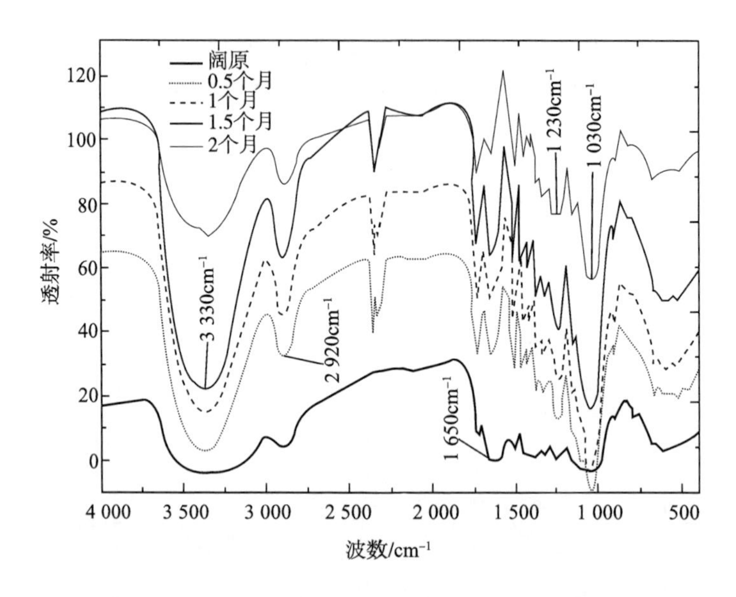


图 7-18　木蹄层孔菌降解香椿木壳体图谱

吸收峰(1 030cm$^{-1}$)附近,吸收峰增强,说明木质素发生降解后,C—O 伸缩振动增强;结果说明香椿木壳体在接种木蹄层孔菌的条件下模拟降解 2 个月,纤维素、木质素发生了较慢降解。

图 7-19 为香椿木壳体在接种木蹄层孔菌后降解 2 个月 X 射线衍射曲线及相对结晶度的变化,结果表明:香椿木壳体在降解 2 个月后的相对结晶度变化较小,与未处理样品相比,降解 2 个月时相对结晶度降低了 11.4%,与 FTIR 分析结果一致。

#### 7.3.2.2　桦剥管菌降解壳体结果分析

(1)松木壳体接种桦剥管菌降解 FTIR 及 XRD 分析如下所示:

图 7-20 为松木壳体在接种桦剥管菌的条件下模拟降解 2 个月的 FTIR 图谱,结果表明 FTIR 图谱中主要吸收峰的归属如下:3 650～3 020cm$^{-1}$处为 O—H 伸缩振动;2 810～2 980cm$^{-1}$处为 C=H 伸缩振动;1 650cm$^{-1}$处为 C=O 伸缩振动,是木质素中的共轭羰基特征峰;1 030cm$^{-1}$处为愈创木基特征峰。

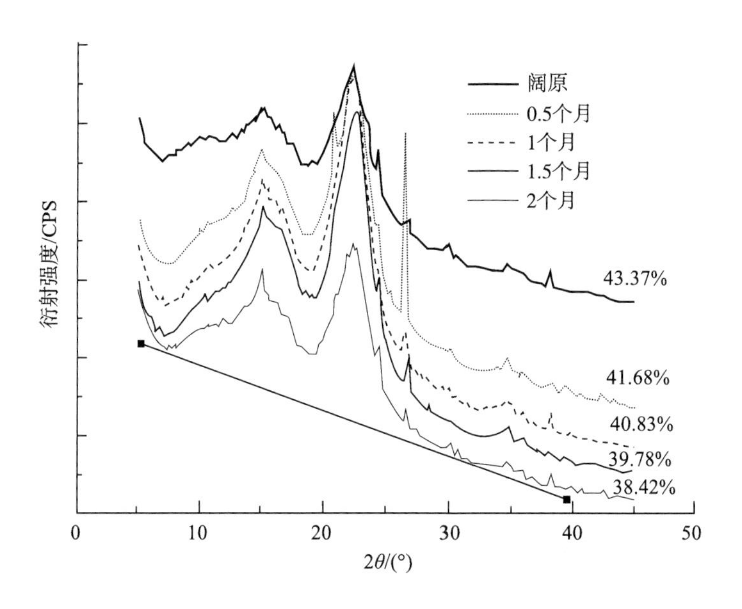


图 7-19　木蹄层孔菌降解香椿木壳体 XRD 曲线

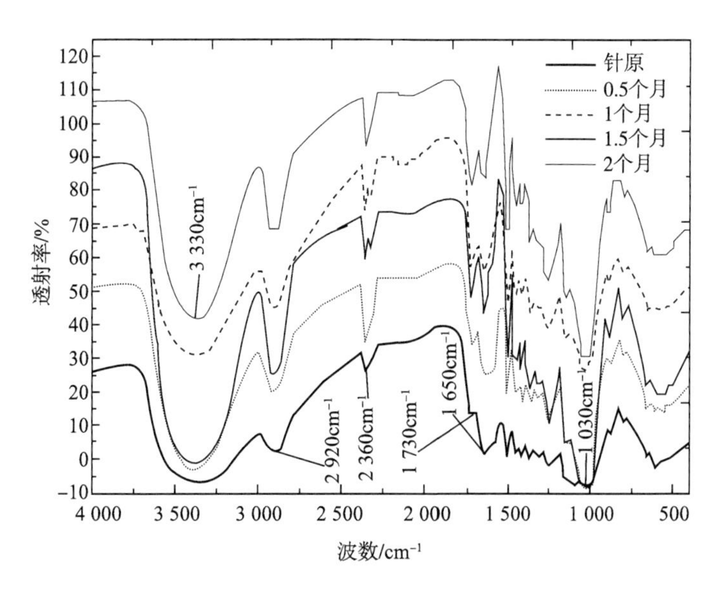


图 7-20　桦剥管菌降解松木壳体图谱

从图 7-20 可得，与未降解壳体相比，在接种桦剥管菌的条件下模拟降解 2 个月，吸收峰为 2 920cm$^{-1}$附近吸收峰减弱，说明松木壳体纤维素发生少量降解；吸收峰（1 650cm$^{-1}$）减弱，表明木质素发生降解，共轭羰基减少；在吸收峰（1 030cm$^{-1}$）附近，吸收峰增强，说明木质素发生降解后，C—O 伸缩振动增强；结果说明松木壳体在接种桦剥管菌的条件下模拟降解 2 个月，木质素、纤维素都发生了较慢降解。

图 7-21 为松木壳体在接种桦剥管菌后降解 2 个月 X 射线衍射曲线的变化及相对结晶度的变化，结果表明：松木壳体在降解 2 个月后的相对结晶度变化较小，与未处理样品相比，降解 2 个月时相对结晶度降低了 10.7%，与 FTIR 分析结果一致。

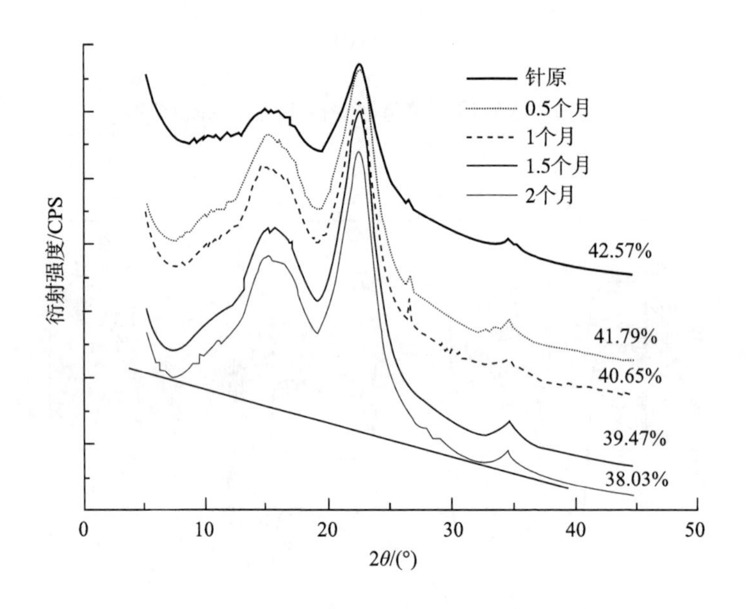


图 7-21　桦剥管菌降解松木壳体 XRD 曲线

（2）香椿木壳体接种桦剥管菌降解 FTIR 及 XRD 分析如下所示：

图 7-22 为香椿木壳体在接种桦剥管菌的条件下模拟降解 2 个月的 FTIR 图谱，结果表明 FTIR 图谱中主要吸收峰的归属如下：3 650～3 020cm$^{-1}$处为 O—H 伸缩振动；2 810～2 980cm$^{-1}$处为 C=H 伸缩振

动；1 650$cm^{-1}$，C=O 伸缩振动，木质素中的共轭羰基特征；1 240$cm^{-1}$和1 030$cm^{-1}$处为愈创木基特征峰。

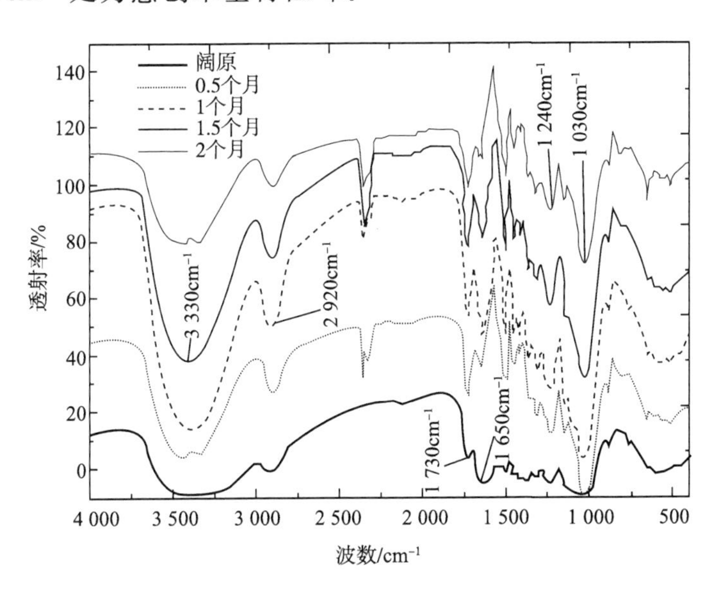


图 7-22　桦剥管菌降解香椿木壳体图谱

从图 7-22 可得，与未降解壳体相比，在接种桦剥管菌的条件下模拟降解 2 个月，吸收峰为 2 920$cm^{-1}$附近吸收峰减弱，说明香椿木壳体纤维素发生少量降解；吸收峰（1 650$cm^{-1}$）减弱，表明木质素发生降解，共轭羰基减少；1 240$cm^{-1}$和1 030$cm^{-1}$附近，吸收峰增强，说明桦剥管菌降解木质素其他结构多于愈创木基型木质素；结果说明香椿木壳体在接种桦剥管菌的条件下模拟降解 2 个月，纤维素、木质素发生了降解。

图 7-23 为香椿木壳体在接种桦剥管菌后降解 2 个月 X 射线衍射曲线的变化及相对结晶度的变化，结果表明：香椿木壳体在降解 2 个月后的相对结晶度变化较小，与未处理样品相比，降解 2 个月时相对结晶度降低了 10.3%，与 FTIR 分析结果一致。

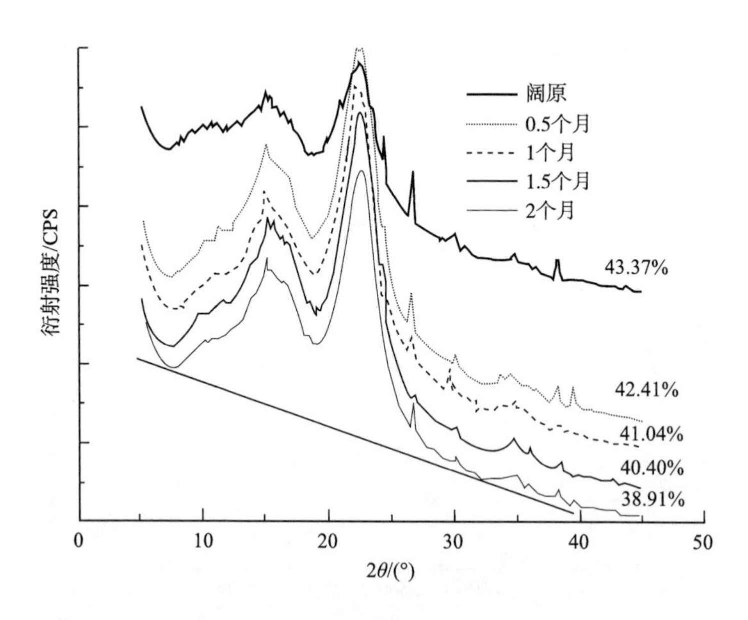


图 7-23 桦剥管菌降解香椿木壳体 XRD 曲线

### 7.3.3 滴加土壤悬浮液条件下壳体的降解规律

(1)松木壳体添加土壤悬浮液条件下降解 FTIR 及 XRD 分析如下所示：

图 7-24 为松木壳体在滴加土壤悬浮液的条件下模拟降解 6 个月的 FTIR 图谱，FTIR 图谱中主要吸收峰的归属如下：3 650～3 020$cm^{-1}$处为 O—H 伸缩振动；2 810～2 980$cm^{-1}$处为 C＝H 伸缩振动；1 740$cm^{-1}$处吸收峰为半纤维素乙酰基和羧基上的 C＝O 伸缩振动；1 650$cm^{-1}$，C＝O 伸缩振动，木质素中的共轭羰基特征；1 510$cm^{-1}$处为芳香环骨架特征峰；1 270$cm^{-1}$处芳基醚、芳基脂肪基醚的 C—O 伸缩振动；1 020$cm^{-1}$处为纤维素和半纤维素中的 C—O 伸缩振动；897$cm^{-1}$处为纤维素 B 链的特征以及木质素中苯环平面之外的C—H 振动。

从图 7-24 可知，与未降解壳体相比，松木壳体在滴加土壤悬浮液的条件下模拟降解 6 个月，纤维素的特征吸收峰为 2 925cm$^{-1}$附近吸收峰减弱，说明松木壳体纤维素发生降解；1 740cm$^{-1}$处吸收峰减弱，说明半纤维素发生降解；吸收峰（1 650cm$^{-1}$）减弱，木质素中的共轭羰基 C＝O 伸缩振动减弱，说明木质素发生缓慢降解；吸收峰 1 270cm$^{-1}$处 G 环与酰氧键 CO—O 伸缩振动减弱，木质素发生降解；结果说明松木壳体在滴加土壤悬浮液的条件下模拟降解 6 个月，其主成分纤维素、半纤维素和木质素发生少量降解。

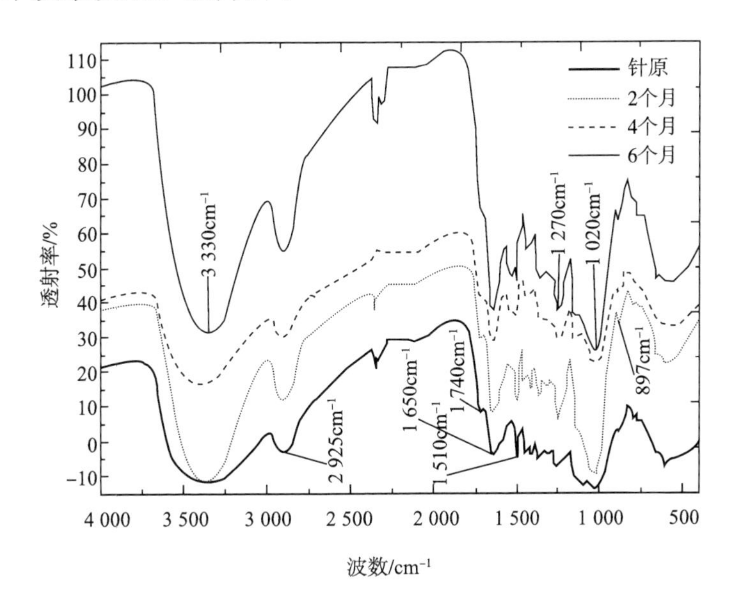


图 7-24　土壤悬浮液降解松木壳体 FTIR 图谱

图 7-25 为松木壳体在滴加土壤悬浮液后降解 6 个月 X 射线衍射曲线及相对结晶度的变化，结果表明：松木壳体在降解 6 个月后的相对结晶度变化很小，与未处理样品相比，降解 6 个月时相对结晶度降低了 5.6％，与 FTIR 分析结果一致。

（2）香椿木壳体添加土壤悬浮液条件下降解 FTIR 及 XRD 分析如下所示：

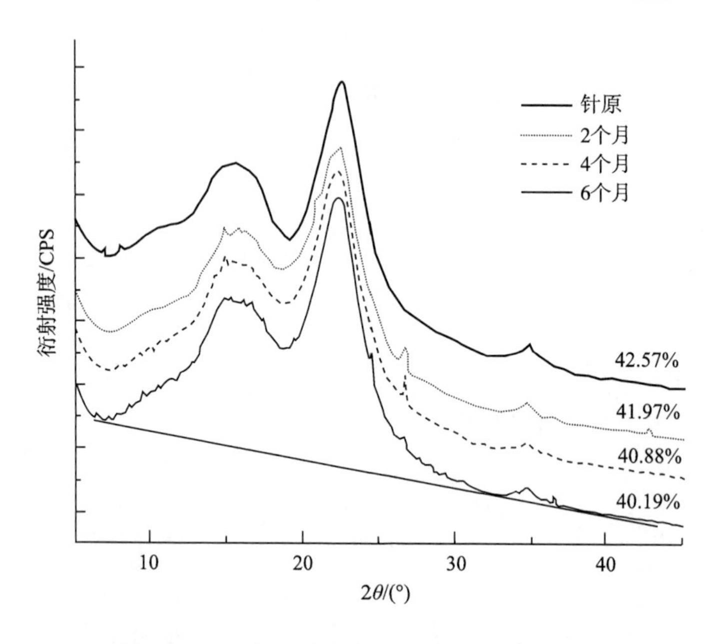


图 7-25　土壤悬浮液降解松木壳体 XRD 曲线

从图 7-26 可得，与未降解壳体相比，香椿木壳体在滴加土壤悬浮

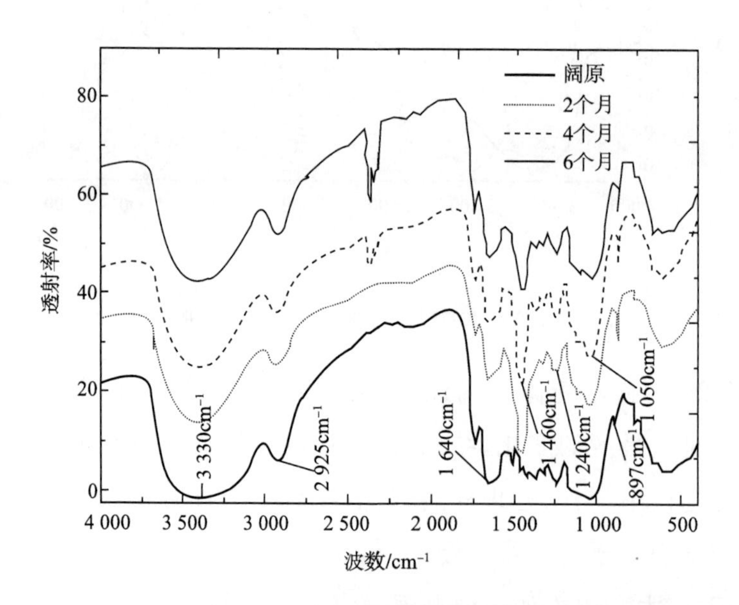


图 7-26　土壤悬浮液降解香椿木壳体

液的条件下模拟降解6个月，纤维素的特征吸收峰为2 920cm$^{-1}$附近吸收峰减弱，说明香椿木壳体纤维素发生降解；吸收峰(1 650cm$^{-1}$)减弱，木质素中的共轭羰基C=O伸缩振动减弱，说明木质素发生缓慢降解；在吸收峰(1 460cm$^{-1}$)附近，吸收峰减弱，说明木质素发生降解后，聚糖中的$CH_2$减少形变振动；结果说明香椿木壳体在滴加土壤悬浮液的条件下模拟降解6个月，其主成分纤维素、半纤维素和木质素均发生降解。

图7-27为香椿木壳体在滴加土壤悬浮液后降解6个月X射线衍射曲线及相对结晶度的变化，结果表明：香椿木壳体在降解6个月后的相对结晶度变化很小，与未处理样品相比，降解6个月时相对结晶度降低了6.8%，与FTIR分析结果一致。

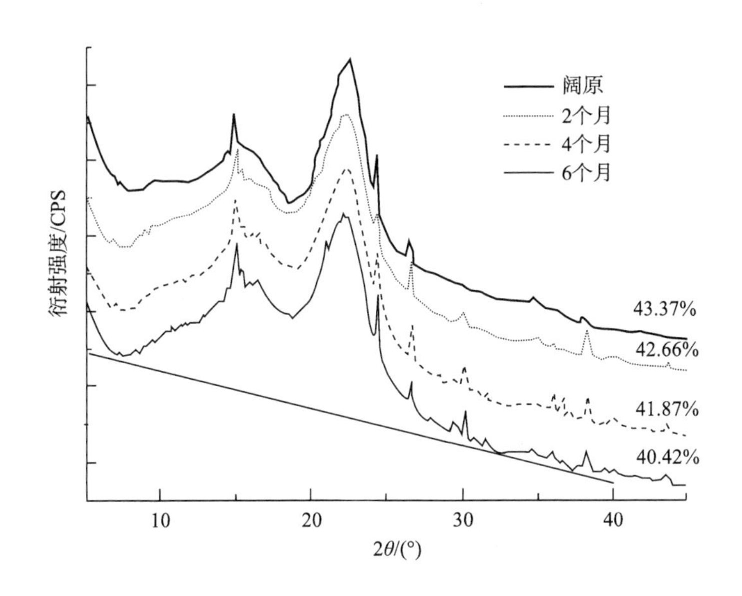


图7-27　土壤悬浮液降解香椿木壳体XRD曲线

结果说明：松木壳体和香椿木壳体在在滴加土壤悬浮液的条件下模拟降解6个月，木材剩余物壳体主成分纤维素、半纤维素和木质素均降解缓慢。

### 7.3.4 林木施肥试验壳体的降解规律

#### 7.3.4.1 壳体降解宏观过程

将松木壳体和香椿木壳体装载250g史丹利复合肥，然后进行室外林木施肥试验，试验方法如前面第3章所示，从施肥作业开始，每2个月进行一次采样，将埋在样地桉树旁边土壤中的壳体整个挖出来，整理干净壳体周边的泥土，主要通过拍摄壳体照片的方式进行对比分析。每次取样后，松木壳体和香椿木壳体降解过程的变化描述以及分析如下：

(1)开始施肥作业。采用的是二次成型壳体进行施肥作业，已装载肥料的松木壳体和香椿木壳体均完整无损(图7-28)，每株桉树两旁各埋一个壳体，壳体埋于20cm左右深的坑里，用土覆盖。

(a) 松木壳体

(b) 香椿木壳体

图7-28 开始施肥作业

(2)2个月后。①松木壳体：壳体基本完整，如图7-29(a)所示，整个壳体外部有损坏脱落现象，壳体变软，侧边及底部较顶部软，打开顶部盒盖后，把热熔胶撕掉时壳体靠近外部边角有脱落现象，里面的肥料也是成型的。②香椿木壳体：壳体完整无损，如图7-29(b)所示，硬度较好，打开顶部盒盖后，热熔胶黏合完好，把热熔胶撕掉时壳体无脱落现象。

（a）松木壳体

（b）香椿木壳体

图 7-29　壳体降解 2 个月

(3)4 个月后。①松木壳体：壳体已不完整，如图 7-30(a)所示，热熔胶黏合部位一半脱落，壳体较松软，周围植物的根茎已伸入到壳体内部，壳体周围部位有损坏脱落，并且颜色变得不均，由原来浅黄色变暗黄色，说明壳体已发生降解，且降解速度较快。②香椿木壳体：壳体完整无损，如图 7-30(b)所示，壳体较 2 个月的软，壳体周围附了些根茎，说明壳体内肥料已渗透出来；打开壳体顶部盒盖，壳体内部也完整无损，热熔胶附近层黏合良好，无开裂，撕掉热熔胶层时，壳体也无开裂现象，说明香椿木壳体更结实，降解较慢。

（a）松木壳体

（b）香椿木壳体

图 7-30　壳体降解 4 个月

(4)6个月后。①松木壳体:壳体已松散不完整,如图7-31(a)所示,热熔胶黏合部位大部分脱落,壳体较4个月的松软,壳体周围布满植物的根茎并已渗入到壳体里面,壳体周围部位易损坏脱落,颜色变得不均并且加深,拿开壳体顶部盒盖,发现壳体内部也松软脱落,说明壳体在不断发生降解,且降解速度较快。②香椿木壳体:壳体热熔胶层附近已松软并脱落,如图7-31(b)所示,壳体变得更软,周围植物的根茎已伸入壳体内部;打开壳体顶部盒盖,壳体内部较软,轻易就能撕掉热熔胶层,说明香椿木壳体已发生降解,降解速度较松木壳体慢。

(a) 松木壳体

(b) 香椿木壳体

图7-31　壳体降解6个月

(5)7个月后。①松木壳体:壳体已松散塌落不完整,如图7-32(a)所示,热熔胶黏合部位基本上脱落,壳体较6个月的松软,壳体周围及内部布满植物的根茎,壳体顶部已裂成几块,壳体周围及内部部位较易损坏脱落,颜色加深,说明壳体在进一步发生降解,且降解速度较快。②香椿木壳体:壳体热熔胶层附近已松软并脱落,如图7-32(b)所示,壳体变得更软,周围植物的根茎已伸入壳体内部;打开壳体顶部盒盖,壳体内部较软,轻易就能撕掉热熔胶层,壳体有开裂现象。在壳体内部发现白色菌丝,说明香椿木壳体被微生物菌丝降解,降解速度较松木壳体慢。

（a）松木壳体

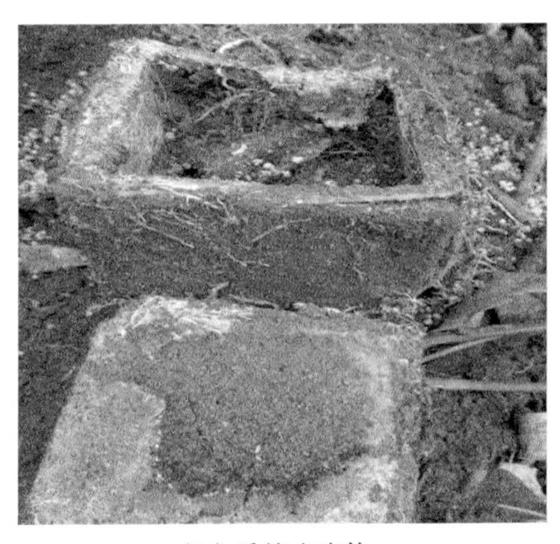

（b）香椿木壳体

图 7-32　壳体降解 7 个月

(6)8 个月后。①松木壳体:壳体已松散塌落,如图 7-33(a)所示,热熔胶框架裸露,壳体松软,部分散落壳体和肥料呈混合状,说明壳体在进一步发生降解,且降解速度较快。②香椿木壳体:壳体热熔胶层附近已松软并脱落,如图 7-33(b)所示,壳体变得松软,打开壳体顶部盒盖,壳体有开裂现象。壳体颜色加深,呈暗红色,说明香椿木壳体加快降解,降解速度较松木壳体慢。

（a）松木壳体

（b）香椿木壳体

图 7-33　壳体降解 8 个月

(7)10 个月后。①松木壳体：壳体几乎已松落成粉末状，如图 7-34(a)所示，壳体松软一捏即碎，大部分散落壳体和肥料呈混合状，说明壳体已发生很大程度降解，且降解速度较快；②香椿木壳体：壳体已松软并脱落成块状，如图 7-34(b)所示，壳体和未释放完的肥料与泥土混合，说明香椿木壳体加快降解，后期降解速度较快。

(a) 松木壳体

(b) 香椿木壳体

图 7-34　壳体降解 10 个月

通过宏观上观察松木壳体和香椿木壳体的降解过程，并对比分析可得：将 2 种壳体装载肥料进行施肥试验，埋于土壤下，随时间的推移，松木壳体和香椿木壳体均发生不同程度的降解，且它们的降解速度不同。它们主要表现为微生物降解，在干冷的冬季天气壳体降解速度较慢，在湿热的雨季天气降解速度更快。在湿热的雨季，微生物生长活跃，因此降解壳体的速度快。松木壳体降解速度比香椿木壳体降解速度快。壳体埋于土壤里面进行施肥试验，2 个月后，松木壳体就出现了松软且外部有破坏的现象，壳体基本完整。而香椿木壳体依然完整如初，并且壳体保持较硬；4 个月后，松木壳体已出现松软破坏现象，周围植物的根茎已渗入到壳体内部，壳体周围部位有损坏脱落，颜色变得不均，由原来浅黄色变暗黄色。而香椿木壳体还是完整无损，壳体变软；6 个月后，松木壳体已松散不完整，热熔胶黏合部位大部分脱落，壳体较

4 个月的松软，壳体周围布满植物的根茎并已渗入到壳体里面，壳体周围部位易损坏脱落，颜色变得不均并且加深。香椿木壳体则变得更软，热熔胶层附近已松软并脱落，周围植物的根茎已伸入壳体内部；打开壳体顶部盒盖，壳体内部较软，轻易就能撕掉热熔胶层。7 个月后，松木壳体已松散塌落不完整，壳体顶部已裂成几块，壳体周围及内部较易损坏脱落，颜色加深。香椿木壳体变得更松软，周围植物的根茎已伸入壳体内部；打开壳体顶部盒盖，壳体内部较软，轻易就能撕掉热熔胶层，壳体有开裂现象，于壳体内部发现白色菌丝。8 个月后，松木壳体已松散塌落，部分散落壳体和肥料呈混合状。香椿木壳体变得更松软，打开壳体顶部盒盖，壳体有开裂现象。壳体颜色加深，呈暗红色。10 个月后，松木壳体几乎已松落成粉末状，壳体松软一捏即碎，大部分散落壳体和肥料呈混合状，香椿木壳体已完全散架，松软并脱落成块状，壳体和未释放完的肥料与泥土混合。

#### 7.3.4.2　壳体降解 FTIR 及 XRD 分析

（1）通过 FTIR 及 XRD 分析测定松木壳体的降解特性结果如图 7-35 所示。

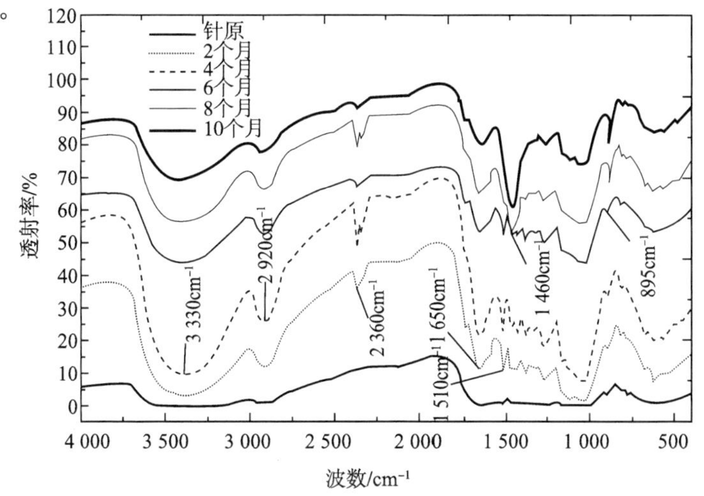


图 7-35　松木壳体室外降解 FTIR 图谱

图 7-35 为松木壳体室外降解 10 个月的 FTIR 图谱，FTIR 图谱中主要吸收峰的归属如下：3 650～3 020cm$^{-1}$处为 O—H 伸缩振动；2 810～2 980cm$^{-1}$处为 C=H 伸缩振动；1 650cm$^{-1}$处为 C=O 伸缩振动，是木质素中的共轭羰基特征峰；在 1 510 cm$^{-1}$附近，为木质素中 C=O伸缩振动和芳香族骨架的振动峰；在 1 460cm$^{-1}$附近，为甲基 C—H的变形，是聚木糖与木质素中的 $CH_2$基团的形变振动（半纤维素，木质素）；897cm$^{-1}$处为纤维素 B 链的特征以及木质素中苯环平面之外的 C—H 振动。

从图 7-35 可知，与未降解壳体对比，松木肥料壳体降解 10 个月，纤维素的特征吸收峰为 2 920cm$^{-1}$附近吸收峰变弱，说明针叶材壳体纤维素有少量的降解；吸收峰（1 650cm$^{-1}$）变弱，说明羰基的含量有增加，即半纤维素中的木聚糖发生降解；吸收峰 1 510cm$^{-1}$处，即壳体降解 8 个月，代表木质素的特征吸收峰突然消失，说明半纤维素和木质素在 8 个月降解速度快，在吸收峰（1 460cm$^{-1}$）附近，壳体降解 8 个月，吸收峰突然增强，说明木聚糖乙酰基发生降解后，聚糖中的 $CH_2$增多形变振动；松木肥料壳体在降解 10 个月，其主成分纤维素、半纤维素和木质素均发生了不同程度的降解。

图 7-36 为松木壳体进行林木施肥试验降解 10 个月 X 射线衍射曲线的变化及相对结晶度的变化，结果表明：松木壳体在降解 10 个月后的相对结晶度变化较大，与未处理样品相比，降解 10 个月时相对结晶度降低了 27.7%，与 FTIR 分析结果一致。

（2）通过 FTIR 及 XRD 分析测量香椿木壳体的降解特性结果如下所示。

图 7-37 为香椿木壳体室外降解 10 个月的 FTIR 图谱，FTIR 图谱中主要吸收峰的归属如下：3 700～3 020cm$^{-1}$处为 O—H 伸缩振动；2 800～2 990cm$^{-1}$处为C=H 伸缩振动；1 740cm$^{-1}$处为 C=O 伸缩振

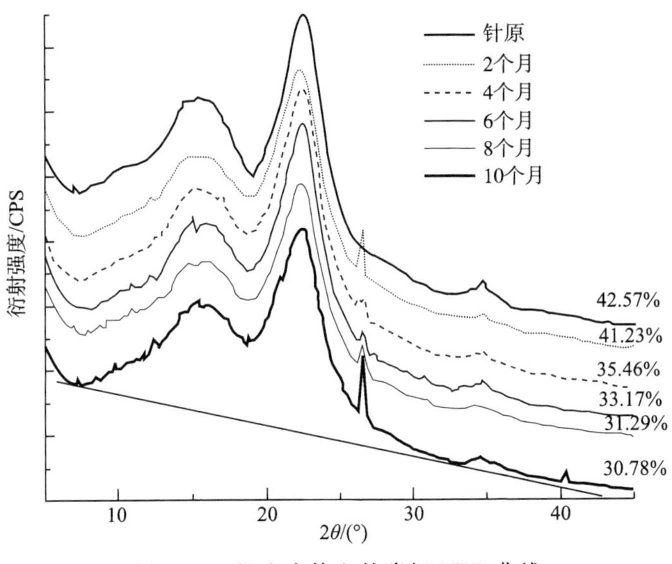


图 7-36　松木壳体室外降解 XRD 曲线

动，是非共轭酮，羰基化合物和酯基特征峰（半纤维素）；1 640cm$^{-1}$处，C=C 伸缩振动，纤维素的特征吸收峰；在1 460cm$^{-1}$附近为甲基C—H 变形，属于聚木糖与木质素中的 $CH_2$基团的形变振动（半纤维素，木质素）；892cm$^{-1}$处为纤维素 B 链的特征以及木质素中苯环平面之外的 C—H 基团的振动。

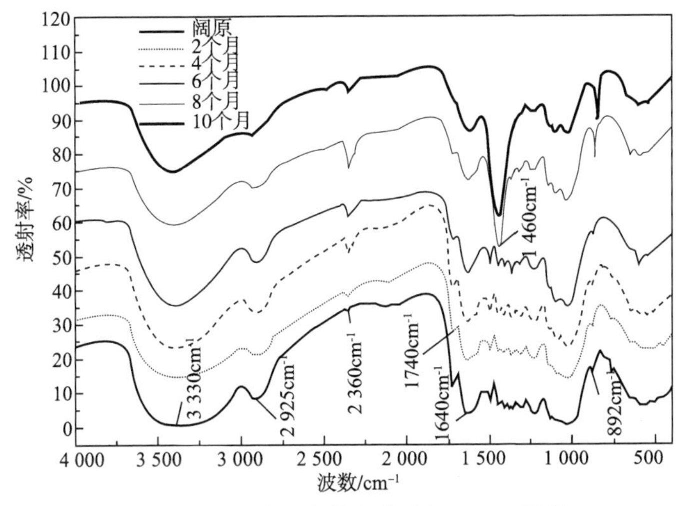


图 7-37　香椿木壳体室外降解 FTIR 图谱

从图 7 37 可知，与未降解壳体对比，香椿木肥料壳体降解 10 个月，纤维素的特征吸收峰为 2 920cm$^{-1}$附近吸收峰变弱，说明香椿木壳体纤维素有少量的降解；吸收峰(1 740cm$^{-1}$)逐渐变弱，说明羰基的含量有增加，即木聚糖(半纤维素中)发生降解；吸收峰 1 640cm$^{-1}$处，代表纤维素的特征吸收峰逐渐减弱，说明纤维素发生了缓慢降解；在吸收峰(1 460cm$^{-1}$)附近，壳体降解 8 个月，吸收峰突然增强，说明木聚糖乙酰基发生降解后，聚糖中的 $CH_2$ 增多形变振动。结果表明香椿木肥料壳体在降解 10 个月后，其主成分纤维素、半纤维素和木质素均发生了不同程度的降解。

图 7-38 为香椿木壳体进行林木施肥试验降解 10 个月 X 射线衍射曲线的变化及相对结晶度的变化，结果表明：香椿木壳体在降解 10 个月后的相对结晶度变化较大，与未处理样品相比，降解 10 个月时相对结晶度降低了 23.1%，与 FTIR 分析结果一致。

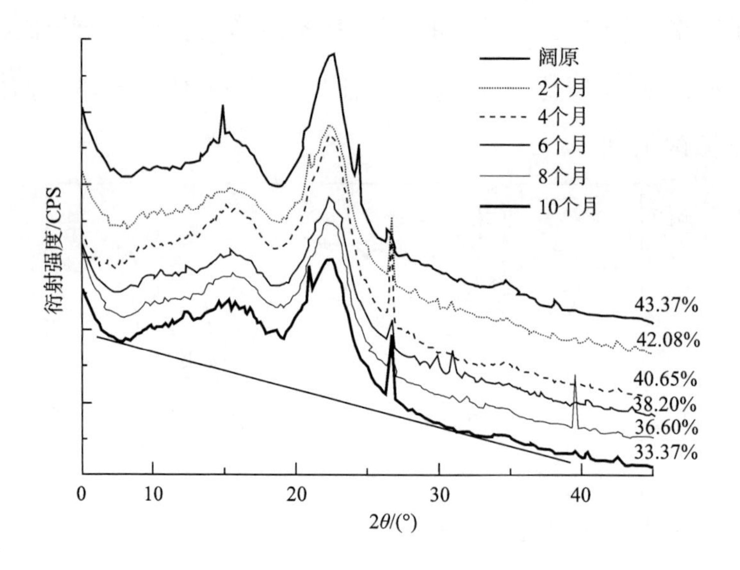


图 7-38 香椿木壳体室外降解 X 射线 2θ(°)衍射峰图

## 7.4 小　　结

通过傅里叶红外光谱(FTIR)及X射线衍射(XRD)分析肥料壳体的降解特性,得出以下结论。

(1)松木壳体和香椿木壳体在10℃、20℃、30℃三种不同环境条件下的模拟降解试验,FTIR分析表明:在相同条件下,壳体主要成分半纤维素、纤维素和木质素均发生不同程度的降解;XRD分析表明:在相同条件下,松木壳体发生降解速度较香椿木壳体快;同种壳体,在温度越高的条件下降解速度越快。

(2)松木壳体和香椿木壳体在接种木蹄层孔菌和桦剥管菌的条件下模拟降解2个月,FTIR分析表明:壳体主成分纤维素、半纤维素和木质素均发生少量降解,降解速度较慢。XRD分析表明:木蹄层孔菌降解香椿木壳体速度较松木壳体快,相对结晶度分别降低了11.4%和10.1%。桦剥管菌降解松木壳体和香椿木壳体速度相差不大,相对结晶度分别降低了10.7%、10.3%。

(3)松木壳体和香椿木壳体在滴加土壤悬浮液的条件下模拟降解6个月,FTIR及XRD分析均表明:木材剩余物壳体的主要成分纤维素、半纤维素和木质素均降解缓慢。

(4)松木肥料壳体和香椿木肥料壳体进行林木施肥降解10个月,FTIR分析表明:半纤维素降解速度最快,纤维素次之,木质素降解较慢。XRD分析表明:其主成分纤维素、半纤维素和木质素均发生了不同程度的降解,松木壳体降解10个月后,其相对结晶度降低了27.7%,而香椿木壳体相对结晶度降低了23.1%。松木壳体降解速度较香椿木壳体快。

(5)观察松木壳体和香椿木壳体林木施肥的宏观降解过程,并对比分析可得：将两种壳体装载肥料进行施肥试验，随时间的推移，松木壳体和香椿木壳体均发生不同程度的降解，包括壳体主成分的降解及树脂的降解。主要表现为微生物降解，在干冷的冬季天气壳体降解速度较慢，在湿热的雨季天气降解速度更快。湿热的雨季天气，微生物生长活跃，因此降解壳体的速度快。松木壳体降解速度比香椿木壳体降解速度快，与 FTIR 及 XRD 分析结果一致。

# 参考文献


鲍甫成，赵有科，吕建雄．2003. 杉木和马尾松木材渗透性与微细结构的关系研究．北京林业大学学报，25(1)：1-5.

岑巨延．2007. 广西桉树人工林二元立木材积动态模型研究．华南农业大学学报，28(1)：91-95.

陈可可，张保林，侯翠红．2011. 几种缓/控释肥料的养分释放特性研究．化工矿物与加工，(2)：12- 15.

陈琳．2009. 略谈我国缓控释肥的发展前景及其推广对策．科技论坛，(7)：61-62.

陈燕，韩烈保．2008. 春季施用 5 种缓/控释肥料对高尔夫球道草坪草生长的作用．草业科学，25(5)：104-107.

党建友，杨峰，屈会选，等．2008. 复合包裹控释肥对小麦生长发育及土壤养分的影响．中国生态农业学报，16(6)：1365-1370.

段路路．2009. 缓控释肥料养分释放机理及评价方法研究．泰安：山东农业大学博士论文.

段路路，张民，刘刚，等．2009a. 缓控释肥料养分释放特性评价及快速测定方法研究．土壤学报，46(2)：299-306.

段路路，张民，刘刚，等．2009b. 缓控释肥料在不同介质中的养分释放特性及其肥效．应用生态学报，20(5)：1118-1124.

樊小林，王浩，喻建刚．2005. 粒径膜厚与控释肥料的氮素养分释放特性．植物营养与肥料学报，11(3)：327-333.

范本荣，沈玉文，江丽华，等．2011. 聚合物包膜缓/控释肥料的研究进展．山东农业科学，9：76-80.

冯守疆，龚成文，赵欣楠，等．2010. 包膜缓/控释肥料的研究现状及发展趋势．安徽农业科学，38(26)：14409-14411.

符韵林，徐峰，唐黎明，等. 2005. 南带产区不同立地类型间的杉木木材解剖. 北京林业大学学报，27(1)：10-13.

符韵林，莫昭展，乔梦吉，等. 2009. 用木材剩余物制造缓释肥料壳体的方法. 中国：ZL200710050083.

符韵林，万业靖，唐黎明. 2010. 木材剩余物制备缓/控释肥料壳体的设计. 木材加工，11：50-52.

符韵林，乔梦吉，李宁，等. 2014. 一种制备缓释肥料壳体的方法，中国，ZL2013103955077.

符韵林，孙静，牟继平. 2015. 一种缓释肥料壳体的制备方法，中国，ZL201310395484. X.

洪春来，魏幼璋，杨肖娥，等. 2003. Kemira 肥料在茶树上的应用研究. 浙江农业学报，15(6)：361-364.

黄培钊，廖宗文，葛仁山，等. 2006. 不同造粒工艺的肥芯-包膜微结构特征与缓控释性能的研究. 中国农业科学，39(8)：1605-1610.

黄永兰，罗奇祥，刘秀梅，等. 2008. 包膜型缓/控释肥料技术的研究与进展. 江西农业学报，20(3)：55-59.

李慧连，刘国军，张桂霞，等. 2008. 淀粉胶黏剂的最新研究进展. 化学与黏合，30(5)：50-53.

吕玉虎. 2010. 水稻缓/控释肥肥效与施用技术研究. 郑州：河南农业大学硕士论文.

吕玉虎. 2012. 豫南稻区水稻缓/控释肥应用效果研究. 中国农学通报，28(9)：97-101.

马松，许自成，苏永士，等. 2010. 控释肥养分控释特性及其应用研究进展. 江西农业学报，22(4)：69-72.

毛小云，莫莉萍，谷文祥，等. 2010. 潲水油醇解制备固液反应型包膜控释肥膜材的方法及膜控释性能. 华中农业大学学报，29(6)：704-709.

倪博立. 2012. 环境友好型多功能缓控释肥料的制备及性能研究. 兰州：兰州大学博士论文.

齐广成，高翠华. 2008. 浅谈控释肥在农业中的应用. 现代农业科学，15(11)：50-51.

秦裕波，唐树梅，黄鹤丽. 2008. 亲水性包膜缓控释肥料的研制及其缓控释性能研究. 热带农业科学，28(6)：29-33.

秦裕波，唐树梅，谢佳贵，等. 2008. 新型缓控释肥料的研制及其缓控释性能研究. 土壤通报，39(4)：855-857.

邵崇斌.2003.概率论与数理统计.北京:中国林业出版社.

邵蕾,张民,陈学森,等.2007.控释氮肥对土壤和苹果树氮含量及苹果产量的影响.园艺学报,34(1):43-46.

申宗圻.1990.木材学.北京:中国林业出版社.

施卫省,罗小林,唐辉,等.2006.桐油包膜尿素养分释放机理的研究.中国农业生态学报,14(4):109-111.

谭金芳,介晓磊,化全县,等.2003.无机包膜缓/控释肥料生产工艺与肥效探讨.河南农业大学学报,37(3):257-262.

唐春红,吴朝学,姚姜铭,等.2012.不同桉树专用追肥对桉树生长的影响.南方农业学报,43(8):1154-1157.

涂书新,孙锦荷.1999.氮肥控释的机理与应用评述.湖北农业科学,(5):30-33.

王碧,熊恒英,覃松.2010.明胶/葡甘聚糖/聚乙烯醇缓释肥料包膜的表征.化学研究与应用,22(5):529-633.

王红飞,王正辉.2005.缓/控释肥料的新进展及特性评价.广东化工,(8):86-90.

王亮,秦裕波,于阁杰,等.2008.水溶性高分子材料肥料包膜与缓控释性能研究.土壤通报,39(4):861-864.

王晓君.2004.聚合物在缓/控释肥料中的应用研究.化工进展,23(4):437-438.

王月祥.2010.缓控释肥料的研究现状及进展.化工中间体,(3):11-14.

吴凌云,李志忠,丁文.2011.缓控释肥在蜜柚上的施用效果研究.福建农业科技,4:77-82.

吴庆标.呼伦贝尔地区土壤有机碳及其组分的影响因素研究.北京:中国科学院研究生院,2006.

武志杰,陈利君.2003.缓释/控释肥料:原理与应用.北京:科学出版社.

夏玮,张文清,赵显峰,等.2009.环境因素对甲壳素包裹缓释肥料养分释放特性的影响.生态学报,29(8):4560-4564.

肖剑,郑圣先,易国英.2002.控释肥料养分释放动力学及其机理研究第3报土壤水分对包膜型控释肥料养分释放的影响.磷肥与复肥,17(6):9-12.

肖强,张夫道,王玉军,等.2008.纳米材料胶结包膜型缓/控释肥料的特性及对作物氮素利用率与氮素损失的影响.植物营养与肥料学报,14(4):779-785.

肖强，张夫道，王玉军，等．2008．纳米材料胶结包膜型缓控释肥料对作物产量和品质影响．植物营养与肥料学报，14(5)：951-955．

余爱丽，林杉，游捷，等．2003．花卉专用控释肥对4种草本花卉生长的影响．北方园艺，5：47-49．

余观梅，朱本岳，俞巧钢．2002．使用缓释肥对柑桔产量和品质的影响．土壤肥料，(5)：40-41．

俞巧钢，朱本岳，叶雪珠．2001．控释肥在柑桔上的应用研究．浙江农业学报，13(4)：210-213．

张民．2007．缓控释肥料的有关概念和发展前景．中国农资，(11)：30-31．

张秋英，赵平，刘晓冰，等．2002．缓释、控释肥料对大豆产量的影响．大豆科学，21(3)：191-194．

张玉龙，王化银．2008．淀粉胶黏剂(第二版)．北京：化学工业出版社．

张玉龙，邹洪涛，虞娜．2005．以有机无机涂膜材料包裹尿素研制缓释肥料的研究．土壤通报，36(2)：198-201．

赵广杰．2002．木材中的纳米尺度、纳米木材及木材-无机纳米复合材料．北京林业大学学报，24(5/6)：204-207．

赵秀芬，房增国，李俊良．2009．几种有机高聚物包膜肥料养分释放速率研究．中国农学通报，25(19)：139-141．

郑圣先，肖剑，易国英．2002．控释肥料养分释放动力学及其机理研究第1报温度对包膜型控释肥料养分释放的影响．磷肥与复肥，17(4)：14-17．

郑圣先，肖剑，易国英．2005．控释肥料养分释放动力学及其机理研究第2报水蒸气压对包膜型控释肥料养分释放的影响，磷肥与复肥，17(5)：22-25．

中国林业科学研究院林业研究所．GB7853-87，森林土壤有效磷的测定．北京：中国标准出版社，1987a．

中国林业科学研究院林业研究所．GB7856-87，森林土壤速效钾的测定．北京：中国标准出版社，1987b．

中户莞二．1973．木材の空隙構造．材料，22(241)：903-907．

祝红福，熊远福，邹应斌，等．2008．包膜型缓/控释肥的研究现状及应用前景．化肥设计，46(3)：61-64．

Anna J, Maria T. 2002. Use of polysulfone in controlled release NPK fertilizer formulations Agric Food. Chem, 50 (16) : 4634-4639.

Du C W, Zhou J M, Shaviv A. 2006. Release characteristics of nutrients from polymer-coated compound controlled release fertilizers. Journal of Polymers and the Environment, 14: 223-230.

Goertz H M. 1993. Technology development in coated fertilizers. //Hagin A. Workshop on controlled / slow release fertilizers. Haifa Israel: Technion, 158-164.

Grigori P, Shalom M, Moshe Z. 1990. Method for the manufacture of slow release fertilizers. US Patent: 493689.

Hanafi M M, Eltaib S M, Ahmad M B, et al. 2002. Evaluation of controlled-release compound fertilizers in soil. Commun Soil Sci Plant Anal, 33: 113921156.

Jahns T, Kaltwasser H. 2000. Mechanism of microbial degradation of slow-release fertilizers. Journal of Polymers and the Environment, 8(1): 11-16.

Jarosiewica A, Tomaszewska M. 2003. Controlled-release NPK fertilizer encapsulated by olymeric membranes. Journal of Agricultural and Food Chemistry, 51(2): 413-417.

Kochba M, Gambash S. 1990. Release kinetics of urea from polymer coated urea and its relationship with coating penetrability. Soil Science, 149: 339-343.

Li Z. 2003. Use of surfactant-modified zeolite as fertilizer carriers to control nitrate release. Microporous and Mesoporous Materials, 61: 181-188.

Liu X M, Feng Z B, Zhang F D, et al. 2006. Preparation and testing of cementing and coating nano-subnanocomposites of slow/controlled-release fertilizer. Agricultural Sciences in China, 5(9): 700-706.

Maria T, Anna J, Krzysztof K. 2002. Physical and chemical characteristics of polymer coatings in CRF formulation. Desalination, 146: 247-252.

Modabber A K, Wang Mingzhi, Bu-Kug Lim. 2008. Utilization of waste paper for an environmentally friendly slow-release fertilizer. J Wood Sci, 54: 158 -161.

Notario del Pion J S, Arteaga Padron I J , Gonzalez Martin M M , et al. 1995. Phosphorus and potassium release from phillipsite-based slow-release fertilizers. Journal of Controlled Release, 34(1): 25-29.

Raban S, Shaviv A. 1995. Controlled release characteristics of coated urea fertilizers. Seatle: CRS Inc, 105-106.

Seng Y C, Fong C S. 1985. Protein degraded pre-vulcaoized natural rubber coated slow release fertilizers. US Patent: 4549897.

Shavit U, Reiss M, Shaviv A. 2003. Wetting mechanisms of gel-based controlled-release fertilizers. Journal of Controlled Release, 88: 71-83.

Shaviv A. 2000. Advance in controlled-release fertilizer. Advances in Agronomy, (71): 1-49.

Tangboriboonrat P, Sirichaiwat C. 1996. Urea fertilizer encapsulation using natural rubber latex. Plastics, Rubber and Composites Processing and Application, 25 (7) : 340-347.

Tomaszewska M, Jarosiewicz A. 2004. Polusulfone coating with starch additzon in CRT formulation. Desalination, 163: 247-252.

Zaidel E. 1996. Models of conirolled release of fertilizer. Israel: Technion-IIT, Haifa.

# 致　谢

本书得到了李宁、孙静、牟继平等老师，朱媛、刘晓玲、韦鹏练、石敏任等研究生，杨嘉洪、王文彬、霍新飞、李文明、王钟、杨秋妮、杨丽梅、瘳业洋、郭涛等本科生的支持和帮助，在此一并表示感谢！